W0191434

ERFOLG IST, WENN
DU'S TROTZDEM SCHAFFST

Thomas Brezina:
Erfolg ist, wenn du's trotzdem schaffst

Alle Rechte vorbehalten

© 2020 edition a, Wien
www.edition-a.at

Cover: Isabella Starowicz
Satz: Lucas Reisigl

Gesetzt in der Premiera
Gedruckt in Deutschland

1   2   3   4   5   —   24   23   22   21   20

ISBN 978-3-99001-453-0

THOMAS BREZINA

ERFOLG
IST, WENN DU'S
TROTZDEM
SCHAFFST

Wie dich nichts und
niemand stoppen kann

edition a

INHALT

MEINE TIEFE
ÜBERZEUGUNG LAUTET:

In dir steckt mehr, als du vielleicht vermutest.

Du kannst mehr, als du dir zutraust.

Es ist mehr möglich, als du denkst.

Es geht manchmal einfacher, als es aussieht.

Erfolg ist weder Hexerei noch Raketenwissenschaft.

Allerdings ist er auch kein Himmelsphänomen,
das von oben herunterfällt und dich einhüllt wie
eine leuchtende Blase.

Du musst dich dafür in Bewegung setzen.

Du bist von deinem Erfolg
nur acht Schritte
entfernt!

DIE FORMEL FÜR
DEINEN ERFOLG

Der Physiker und Nobelpreisträger Albert Einstein hat es vor mehr als 100 Jahren geschafft, festzustellen, dass die Zeit relativ ist. Wenn ein Zwilling auf der Erde bleibt, während der andere in einem Raumschiff mit Lichtgeschwindigkeit durch das All reist, so ist der Reisende bei seiner Rückkehr jünger als sein Bruder. Auf der Erde ist die Zeit schneller vergangen als auf dem Flug mit Lichtgeschwindigkeit.

Albert Einstein beschrieb seine Relativitätstheorie in einer knappen Formel:

$$E = mc^2$$

Erfolg zu haben erscheint dir vielleicht so schwierig und kompliziert wie Einsteins Theorie, aber die Welt ist voll von Menschen, die wir für ihre Erfolge bewundern. Wenn das Phänomen von Zwillingen, von denen einer mit Lichtgeschwindigkeit durch das All düst und der andere schneller altert, mit $E = mc^2$ beschrieben werden kann, wird es doch möglich sein, das Phänomen des Erfolges zum Beispiel so zu beschreiben:

$$E = a \times b + g \times d$$

Erfolg ist gleich Anstrengung multipliziert mit Begeisterung plus Glück mal Durchhaltevermögen

Klingt doch glaubhaft und brauchbar.

Eine Erfolgsformel wünschen sich viele und vielleicht gehörst du dazu. Eine solche Formel wird auch in Büchern, Seminaren live oder online und in kostspieligen Vorträgen versprochen und manchmal scheinbar auch geliefert.

Die Begeisterung beim Lesen und bei den Events ist groß, der Frustfaktor stellt sich bei der Anwendung solcher Formeln jedoch bald ein. Es gibt einfach viel zu viele unbekannte, persönliche Größen und äußere Faktoren, die sich im Alltag melden, sich in den Weg stellen und/oder die Rechnung und das Resultat gehörig durcheinanderbringen.

Eine allgemein und für alle gültige Formel, die zu Erfolg führt, wie du ihn dir wünschst, halte ich für ein schlechtes Märchen. Wenn du danach suchen willst, dann riskierst du Erschöpfung und jede Menge Enttäuschung.

Die Energie kannst du besser einsetzen, um das wunderbare, warme und zutiefst befriedigende Gefühl des Erfolgs zu erlangen.

Jeder erfolgreiche Mensch dieser Erde hat das auf seine eigene Art und Weise getan. Wenn diese Persönlichkeiten später darüber erzählen, ist es interessant, ihnen zuzuhören. Meistens können wir daraus hilfreiche Details lernen, die für den eigenen Weg nützlich sind.

Es gibt sogar etwas wie »Gesetze der Gewinner«, Grundhaltungen und Regeln, die erfolgreiche Menschen instinktiv verstanden oder von ihren Vorbildern gelernt haben. Trotzdem ist es wichtig, zu erkennen, dass alle diese Menschen ihre individuelle und spezielle Erfolgsgeschichte geschrieben haben, die in ihrer Gesamtheit einzigartig ist.

Du hast ziemlich sicher zu diesem Buch gegriffen, weil auch du dir Erfolg wünscht und dir erhoffst, von mir Tipps und Tricks zu bekommen, wie du ihn erreichen kannst. Im besten Fall schnell und einfach. Im schlechtesten Fall keuchend und mit heraushängender Zunge, aber Hauptsache überhaupt.

Was ich dir anbiete, sind die Erkenntnisse, die ich auf meinem eigenen, erfolgreichen Weg gefunden habe und von denen ich annehme, sie könnten dir nützlich sein. Außerdem werde ich schildern, was ich von Menschen gelernt habe, die ein erfülltes Leben mit vielen Erfolgen leben. Lange Gespräche mit ihnen haben mir selbst weitergeholfen. Neue Blickwinkel und Wege, an die ich vorher nicht gedacht hätte, haben sich mir auf diese Weise eröffnet.

Gerne würde ich dir eine Anleitung zum Erfolg geben, die so simpel und klar ist wie der Bau eines Hamsterkäfigs. (Wobei ich mich gerade frage, ob es wirklich so einfach ist, einen Hamsterkäfig selbst zu basteln.) Erfolg wie eine Speise zu sehen und den Weg wie ein Rezept zu beschreiben, würden sich viele wünschen.

Leider fallen diese Wünsche alle in die Kategorie: »Schön wär's, aber leider geht es so nicht.«

Die acht Schritte zum Erfolg, die ich dir beschreibe, sollen dir Kraft, Klarheit, Mut und die Erkenntnis bringen, dass dich nichts und niemand auf Dauer aufhalten kann außer deiner eigenen Einstellung.

Als kleine Grundübung sage dir jeden Tag gleich nach dem Aufwachen vor:

Ich will
Ich kann
Ich werde

Natürlich kannst du auch sofort denken, wie mühsam der Tag, das Leben und überhaupt alles ist, was vor dir liegt.

Mach den Test. Sage dir zehn Mal die kleine Formel vor, die ich gerade beschrieben habe. Auf einer Skala von 0 bis 10, wie fühlst du dich, wenn 0 das schlechteste und 10 das beste Gefühl ist?

Danach sage dir zehn Mal vor, wie beschwerlich, mühsam und anstrengend doch alles ist und wie du an dir und deinen Fähigkeiten zweifelst. Wie fühlst du dich nun auf einer Skala von 0 bis 10?

Es hilft, wenn du dich beim Lesen dieses Buches immer wieder an diesen kleinen Versuch erinnerst. Dein erster Motivator und Coach des Tages bist du selbst.

Dazu kommt gleich ein kleines »Du wählst selbst«-Spiel. Erfolg ist etwas, das man ernst nehmen will. Gleichzeitig hat er die Eigenschaft, sich schneller einzustellen, wenn du locker bleibst.

Aber nun zum ersten Schritt.

SCHRITT 1

FANGE DEINE ERFOLGSGESCHICHTE HEUTE AN

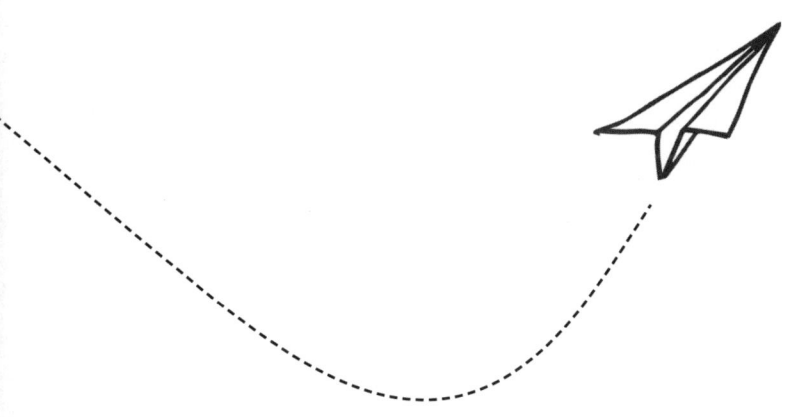

ES IST NIE ZU FRÜH, DEINE ERFOLGS-
GESCHICHTE ZU ERZÄHLEN

...aber wie wird sie klingen?

Das mag sich seltsam anhören, vor allem, wenn du denkst, noch gar keinen Erfolg zu haben.

Ein Spruch sagt: Träume nicht dein Leben, sondern lebe deinen Traum.

Es klingt so einfach, der Teufel aber steckt im Detail und in der Umsetzung. Die weiteren Schritte sollen dich auf deinem Weg unterstützen und dir Ideen zur Umsetzung deiner Träume geben.

Es gibt Kraft, mit einem Traum zu beginnen. Thomas Alva Edison hatte den Traum, ganze Städte elektrisch zu beleuchten. Die Gebrüder Wright hatten den Traum, ein Flugzeug mit Hilfe eines Motors zum Abheben zu bringen. Steve Jobs' Traum war ein Handy mit Bildschirm, auf dem mit einem Fingerwischen oder Druck die Funktionen betätigt werden können. Jedes Buch ist zuerst im Kopf des Autors, jedes Musikstück eine Fantasie, die zuerst nur der Komponist in seinem Ohr hören kann.

Menschen, die Erfolg haben, träumen nicht nur, sie fangen an und setzen Schritt für Schritt. Ausgangspunkt ihres Weges ist aber die Idee, der Wunsch, die Begeisterung in ihrer Brust und der Traum, etwas Besonderes zu schaffen.

Denke nun einmal frei und mutig, was du erreichen möchtest. Erlaube dir zu träumen und träume groß.

15

Welche berufliche Richtung willst du im Leben einschlagen? Wenn du sie schon gefunden hast, lautet die Frage, welche Ziele dir besonders erstrebenswert erscheinen.

Lass kein Wenn oder Aber einschleichen. Gib dich für ein paar Minuten der Fantasie deines Erfolges hin. Die nötige Arbeit, um voranzukommen, empfinde als etwas, das du schaffen wirst.

Ohne Anstrengung ist es nicht möglich, erfolgreich zu werden, aber lass dich von allem, was vor dir liegt, weder abschrecken noch erdrücken. Male dir im Kopf aus, wie du dich fühlen wirst, wenn du dort angelangt bist, wo du gerne hinmöchtest.

Nimm alle Fantasie zusammen und lass vor deinen Augen eine Art Film ablaufen, in dem du den Alltag und alle Hürden meisterst.

Vor allem aber sieh dich, wie du feierst, weil du an einem heiß ersehnten Punkt angekommen bist und dich durch und durch erfolgreich fühlst.

Die wichtigste Frage: Wie wirst du später einmal über deinen Weg zur Spitze erzählen?

Analysiere, wie du bisher im Leben Herausforderungen, Projekte und Schwierigkeiten angegangen bist und gemeistert hast. Menschen sind da sehr verschieden. Deine grundsätzliche Sichtweise und Vorgehensweise zu kennen, kann auf deinem Karriereweg sehr nützlich sein.

Es gibt meiner Beobachtung nach drei Grund-Erfolgstypen von Menschen. Welcher Typ bist du? Von welchem Typ hast du am wenigsten in dir? Welcher Typ wärst du gerne?

DIE MYSTISCHEN ABENTEURER UND ABENTEURERINNEN DES ERFOLGS

Empfindest du dein Leben als Abenteuer? Spricht dich dieser Stil an?

»Zu Beginn stand ich am Fuße eines sagenhaften Berges, dessen Gipfel im Nebel verborgen lag. Durch die weißgrauen Schwaden schimmerte etwas goldgelb, dessen Form ich vermuten konnte, aber ich konnte mir die Größe und Pracht kaum vorstellen. Das Licht übte eine magische Anziehung auf mich aus. Ich konnte vom ersten Moment an, als ich es gesehen hatte, nicht mehr anders, als Tag und Nacht daran zu denken, wie ich es erreichen und in meinen Händen halten würde.«

Kurze Pause deiner Erzählung.

Ich nehme nicht an, dass du sie so fortsetzen würdest:

»Also stieg ich in die Talstation der Seilbahn, die sich nur unweit von mir befand, und mit ein paar hundert anderen Leuten fuhr ich nach oben. Schon war ich am Ziel.«

Berge in deiner mystischen Abenteuergeschichte des Erfolges sind zu vergleichen mit den Achttausendern der Erde. Auf die führen keine Seilbahnen, dort hinauf muss man selbst gelangen, mit eigener Kraft, Ausdauer, den richtigen Begleitern und einer Ausrüstung, die alles beinhaltet, trotzdem aber nicht zur Last wird.

In Romanen setzen Ungeheuer alles daran, die Hauptpersonen zu stoppen oder vom Weg abzubringen. Im Leben sind es keine zotteligen oder schuppigen Monster, sondern eben Dinge, die nicht so laufen, wie wir uns das wünschen, oder die Krafteinsatz benötigen, um die besten Entscheidungen zu treffen.

Ich nehme auch nicht an, dass du deine Geschichte beim Auftauchen von Monstern und Fallen so weitererzählen würdest:

»Kaum hatte ich das Ungeheuer erblickt, dachte ich mir: Ne, das brauche ich wirklich nicht. Daher habe ich einfach umgedreht und bin den Weg zurückgelaufen. So stehe ich wieder am Fuße des Berges und träume weiter von dem Ding, das dort oben auf dem Gipfel auf mich wartet.«

Während ich schreibe, ist mir gerade eine skurrile Szene eingefallen. Ich bin großer Fan der »Indiana Jones«-Filme. Bitte stell dir einmal vor, gleich in der ersten Szene springt irgendein zwei Meter großer und 150 kg schwerer Verfolger auf Indiana Jones zu. Dieser verzieht den Mund und sagt: »Hör zu, ich habe wirklich keine Lust auf blaue Flecken. Daher lege ich mich gar nicht mit dir an und gehe jetzt zurück auf die Uni.« Dort hält Professor Jones dann Vorträge, wie ungerecht und gemein die Welt ist und dass das wahre Glück nur zu Hause vor dem Fernseher gefunden werden kann.

Dieser Film wäre der größte Flop des Jahrhunderts.

Dieses Verhalten, das wie ein Scherz klingt, ist im richtigen Leben gar nicht so selten zu finden. Leute, die das Zeug zur Heldin oder zum Helden haben, kneifen beim ersten Hindernis und drehen um.

Gehen wir davon aus, dass deine Abenteuergeschichte des Erfolges wesentlich spannender klingen wird und
du am Ende etwas in deinen Händen halten wirst. Ob es
wirklich der golden leuchtende Gegenstand ist, das steht
noch nicht fest, denn die besten Abenteuergeschichten
haben ein überraschendes Ende, in dem der Held oder die
Heldin etwas anderes bekommt, als er oder sie ursprünglich wollte. Fast immer ist es besser. Das ist der Beweis,
dass Ziele gut als Richtung sind, aber nicht immer erreicht
werden müssen, um von Erfolg zu reden. Erstens kommt's
oft anders, zweitens als man denkt, lautet eine meiner
Lieblingsredewendungen.

DIE TECHNIKERINNEN UND TECHNIKER DES ERFOLGS

Eine Bedienungsanleitung zum Erfolg wäre doch so gut wie eine Erfolgsformel. Im Unterschied zur Formel ist eine solche Bedienungsanleitung sogar möglich.

Die Einschränkung lautet wieder einmal: Es gibt keine allgemein gültigen. Deine Bedienungsanleitung zum Erfolg ist ein Einzelstück, geschrieben oder erzählt von dir selbst. Es ist keine Anleitung, die du befolgen kannst, sondern eine Beschreibung deines Weges. Wer sich exakt an deine Bedienungsanleitung zum Erfolg hält, wird trotzdem nicht dasselbe erreichen und auf andere Hindernisse stoßen.

Wie sind sie nun, diese Technikerinnen und Techniker des Erfolgs?

Technische Menschen sehen meistens kein Problem, wenn sie vor fünf verschiedenen Schaltern stehen und zum Start die zwei richtigen herausfinden und gleichzeitig drücken müssen. Sie werden herumprobieren, bis sie es schaffen.

Erfolg ist für sie wie der Propeller an einer sehr raffinierten Maschine mit zahlreichen Übersetzungen, Kupplungen, Schaltern, Hebeln, Steckverbindungen, Kabeln, Widerständen und Lampen. Es gilt alles der Reihe nach zum Funktionieren zu bringen, bis sich schließlich der Propeller dreht.

Solche Maschinen stelle ich mir vor wie die fantastischen Geräte des Schweizer Künstlers Jean Tinguely. Sie haben viele verschiedene Propeller und es kann geschehen, dass du dank deiner Arbeit und Ausdauer einen völlig anderen in Bewegung versetzt, als du ursprünglich wolltest. Er ist höher oben auf der Maschine, größer und stärker. Möglicherweise lässt er die Maschine sogar abheben.

Meines Wissens gibt es keine Bedienungsanleitungen mit diesem Wortlaut:

»Legen Sie den grünen Hebel um und stellen Sie die Steuerung auf die Position drei. Sollte sich der gewünschte Effekt nicht einstellen, dann werfen Sie das Gerät einfach weg.«

Es gibt auch keine Bedienungsanleitungen, die empfehlen: »Im Falle einer Störung fluchen Sie ein bisschen und beschimpfen Sie Erzeuger, Lieferanten und am besten auch noch die Besitzer der Räumlichkeiten, in denen sich das Gerät befindet. Geben Sie allen die Schuld, nehmen Sie sich eine Tüte Chips und ein Bier und vergessen Sie das verdammte Ding einfach.«

Gute Bedienungsanleitungen sind klar, weil sie von Leuten verfasst wurden, die sich genauestens mit dem Gerät auseinandergesetzt haben. Die Kunst und die Qualität dieser VerfasserInnen liegen darin, dass sie eine Maschine unter allen Umständen zum Funktionieren bringen wollen. Sie wollen nicht nur, dass sie sich bewegt, sondern, dass sie auf der höchsten Stufe der möglichen Leistung läuft.

Beim Auftreten von Problemen gibt es für technische Menschen die Möglichkeit, bei den FAQ nachzusehen, den

»Frequently Asked Questions« (den häufig gestellten Fragen). Es handelt sich um Hindernisse, die bekannt sind und von mehreren schon bewältigt wurden. Ist die Antwort dort nicht zu finden, müssen ExpertInnen zu Rate gezogen werden. Ist die Störung (= Hindernis) aber einzigartig, dann besteht die Herausforderung darin, selbst eine Lösung zu finden.

Das Ziel ist immer, dass sich der Propeller dreht. Keinem ernsthaften Techniker, keiner Technikerin der Welt wird es egal sein, ob ein Gerät funktioniert oder nicht. Die Herangehensweise an Hindernisse ist sicherlich anders als die von AbenteurerInnen, gesucht wird aber immer eine Lösung. Die Lösung eines technischen Problems ist, wenn sie zum ersten Mal gefunden wird, eine Kraftquelle für alle weiteren Male, da sie nun bekannt ist. Du ersparst dir in Zukunft viel Energie.

Beim Thema Bedienungsanleitung ist noch etwas zu bemerken: Auf das richtige Lesen und Umsetzen kommt es an. Das ist ungefähr so wie bei Glastüren von Läden. Auf manchen steht ausdrücklich drauf: »Ziehen«, trotzdem drücken einige Leute dagegen und beschweren sich, dass die Tür nicht aufgeht. Das passiert selbst sehr technisch talentierten und interessierten Menschen (zum Beispiel mir).

WETTKÄMPFER UND SPORTLERINNEN DES ERFOLGS

Erfolg ist für Wettkampftypen eine gute Platzierung. Besonders Ehrgeizige (das ist keine Wertung, nur eine Feststellung) sagen, der Spruch »Dabei sein ist alles« wäre einfach eine faule Ausrede. Man tritt an, um zu gewinnen. Wird man Zweite oder Zweiter, dann ist es natürlich nicht ratsam, sich nur darüber zu ärgern. Freude ist auch über diese Platzierung erlaubt, aber die Topposition ist das Beste. Das kannst du dir schon eingestehen.

Sportliche Menschen stecken sich Ziele. Im Wettkampfsport sind sie klar definiert. Beim 100-Meter-Lauf liegt das Ziel in 100 Metern Entfernung und nicht in 98.7 Metern. Ein Marathon hat die Länge von 42,195 Kilometern und ohne entsprechendes Training ist er nicht zu schaffen.

Training und Übung sind im Sport ein wichtiges Thema und ein Erfolgsfaktor. Es muss aber das richtige Training sein und Ausdauer ist gefragt.

Wettkampftypen können sich ein Hundertmeter-Ziel stecken und es im Sprint erreichen. Das wird ihnen aber nicht ausreichen. Entweder wollen sie eine bessere Zeit erzielen oder einen längeren Lauf hinlegen.

Wenn es um Erfolg im Leben geht, erscheint das Ziel manchmal nur hundert Meter entfernt. Beim Laufen aber wirst du feststellen, dass es sich um eine optische Täuschung gehandelt hat und das Ziel in immer weitere Ferne rückt. Wenn du sprintest, wirst du dieses Tempo nicht durchhalten können und deinen Schritt verlangsamen müssen. Völlig unerwartet tauchen dann Hürden auf. Sie wachsen zischend aus dem Boden oder rollen von der Seite heran.

Raffinierte SportlerInnen mit einem Sinn für Humor können mit einiger Erfahrung bereits am Geräusch erkennen, wenn wieder eine Hürde von unten hochschießen will, sich auf die richtige Stelle positionieren und von der Hürde nach vorne katapultieren lassen. So bekommen sie durch die Kenntnis eines Hindernisses zusätzliche Energie.

Menschen, die den Wettkampf lieben, können gut einschätzen, ob vor ihnen eher ein Sprint oder ein Dauerlauf liegt, und teilen sich danach die Kraft ein.

Hast du schon jemals ein Interview mit einem Sportler oder einer Sportlerin gehört, in dem sie/er gelassen berichtet, wie locker und unaufgeregt sie/er den Sieg errungen hat? Ich nicht. Wenn es so einfach wäre, dann würde es sich nicht um eine Spitzenleistung handeln, sondern um einen Spaziergang. Spitzenleistungen im Leben sind schlicht und einfach anstrengend, aufregend und eine Aufgabe, die nicht immer klappt.

Ernsthafte SportlerInnen machen nicht nach den ersten Metern schlapp. Selbst wenn sie im Training öfter hinfallen, werden sie aufstehen und weitermachen, weil sie ein Ziel haben: antreten, das Beste geben und siegen.

Selbst Sportlerinnen und Sportler, die weder eine Olympiamedaille gewonnen haben noch sonst Gold, Silber oder Bronze, solche Leute, die oft mit »Pech« in Verbindung gebracht werden, haben einen großen Gewinn gegenüber vielen anderen: Sie haben es versucht. Natürlich wäre die Spitze noch erfreulicher für sie gewesen, aber es gewagt zu haben und die eigenen Grenzen gesprengt zu haben, ist ebenfalls Erfolg.

UNTERSCHIED
MACHT STARK

In welcher Beschreibung hast du dich am ehesten wiedererkannt? Es kann durchaus sein, dass du eine Mischung aus zwei oder sogar allen drei Typen bist.

AbenteurerInnen, TechnikerInnen und SportlerInnen des Erfolges haben unterschiedliche Herangehensweisen, wie sie ihren Weg planen, gestalten und gehen. Sie reagieren auf ihre eigene Art, wenn es schwierig oder hart wird und sie nicht weiterkommen.

Dich mit Menschen zu verbinden, die genauso ticken wie du, kann deine guten Eigenschaften verstärken und eine Zusammenarbeit mit viel Einklang bescheren. Oft ist es aber hilfreich, mit Leuten zu arbeiten, die ein völlig anderer Typ sind. Im Austausch mit ihnen wirst du Wege und Lösungen finden, auf die du selbst nie gekommen wärst.

Natürlich kannst du dir auch von anderen Erfolgs-Typen Charakterzüge abschauen und für dich verwenden. Einige Beispiele: Die AbenteurerInnen unter den Erfolgsmenschen können sich auf dem Weg verlieren. Sie kennen ihr Ziel, aber sie streben es nicht sportlich genug an, haben zu wenig Training oder zu wenig Wettkampfgeist. Sie sehen die Ungeheuer, die sich ihnen entgegensetzen, aber sie bräuchten eine Schritt-für-Schritt-Anleitung, um sie zu umgehen. Es kann für Abenteuer-Typen also hilfreich sein, sich Anleitung und Unterstützung bei den SportlerInnen oder den TechnikerInnen des Erfolgs zu holen.

Umgekehrt können die technischen Erfolgstypen feststecken, weil ihnen Fantasie und Mut fehlen, um ungewöhnlich zu denken. Vielleicht müssten sie sportlich Anlauf nehmen, um Hindernisse zu überspringen, statt halbe Ewigkeiten daran herumzubasteln.

Von Zeit zu Zeit fangen Wettkampftypen des Erfolges an, verbissen zu werden. Sie verkrampfen sich und diese Krämpfe können zu Unfällen führen. Lösungen können sie bei den mystischen AbenteurerInnen und ihrer Triebfeder der Leidenschaft finden. Außerdem besitzt dieser Menschentyp oft mehr Leichtigkeit mit dem Thema Erfolg.

Egal welcher Typ du bist, du wirst immer Inspiration und ungeahnte Möglichkeiten bei Leuten und in Denkweisen finden, die völlig anders sind als deine. Allen drei Typen und eventuellen anderen Gruppen bleiben Probleme und Hindernisse aber nicht erspart.

Wie ist es möglich, dass sie nicht nur Kraft kosten, sondern zu einer Kraftquelle werden können?

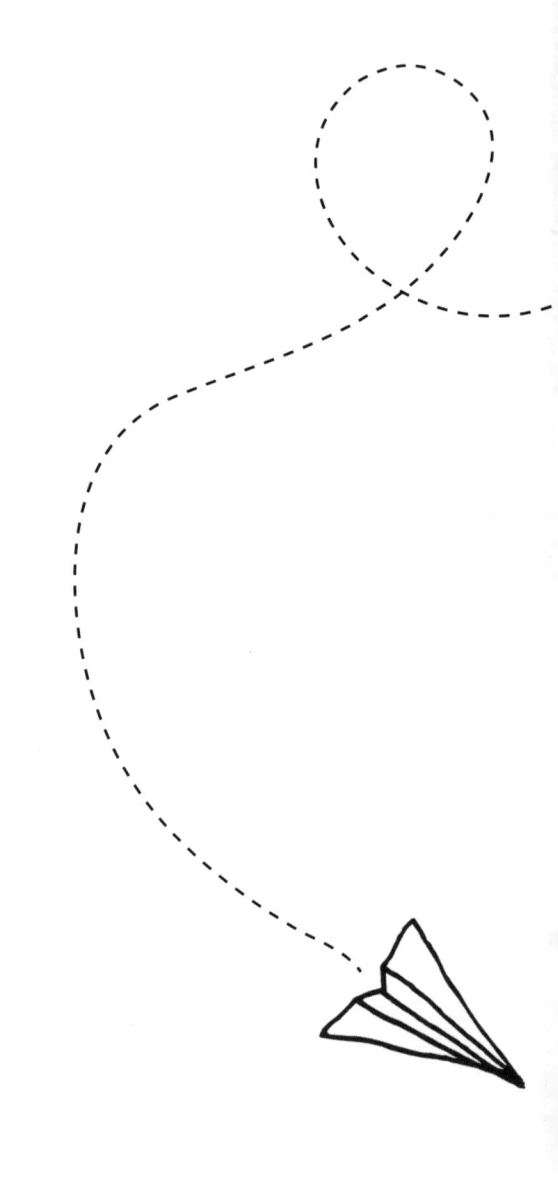

SCHRITT 2

MACH HINDERNISSE
ZU KRAFTQUELLEN

KEINE GUTE GESCHICHTE
OHNE HINDERNISSE

Jeder Roman, jeder Film und jede Serie wären tödlich langweilig, wenn den Hauptpersonen nicht ständig Hindernisse vor die Nase springen würden.

In der Geschichte unseres Lebens und unseres Erfolges ist es genauso. In verschiedenen Größen und Formen tauchen Probleme auf und verstellen uns den Weg. Eine der wenigen Gewissheiten und einer der wenigen Fixpunkte auf deinem Weg heißt Hindernis.

Egal, wo du auf deinem Erfolgsweg stehst, wie alt du bist und ob du es willst oder nicht, Probleme und Hindernisse sind die Regel, nicht die Ausnahme.

Mich persönlich hat der Rat, Hindernisse zu umarmen und sie freudig willkommen zu heißen, immer wild gemacht. Hindernisse sind erschreckend, können Angst machen und auf jeden Fall halten sie auf. Sie können und konnten mir immer gestohlen bleiben.

Leider kümmern sie sich darum herzlich wenig. Die besonders gemeinen Hindernisse sind unsichtbar und wir knallen voll dagegen wie gegen eine Plexiglasscheibe. Von der anderen Seite müssen unsere platten Gesichter ziemlich komisch aussehen, auch wenn niemandem zum Lachen zumute ist.

Hindernisse lauern am Start. Hindernisse gibt es schon nach dem ersten Schritt und selbst wenn du im Ziel stehst, kann ein Problem aus heiterem Himmel auftauchen. Es ist einfach zum Verzweifeln und ich halte es für sehr menschlich, wenn deine erste Reaktion ein enttäuschtes Seufzen oder ein erschrockener Aufschrei ist.

Sie sind die größte Herausforderung auf dem Weg zum Erfolg. Du kannst dich von ihnen stoppen lassen und aufgeben oder umkehren. Aber wer will das schon?

Die Frage, die sich stellt, lautet: Was also soll geschehen?

Kannst du zur Seite ausweichen? Oder darüber springen? Oder willst du dich unten durchgraben? Oder kannst du das Hindernis sogar in etwas Nützliches verwandeln, das dich weiterbringt? Ist es möglich, das Hindernis zu einer Kraftquelle zu machen?

WASSER UND STREIT

Ich war nie eine große Leuchte in Physik und die beste Erinnerung daran ist mein Physikbaukasten, den ich zu meinem zehnten Geburtstag geschenkt bekommen habe. Trotzdem kenne ich physikalische Phänomene, durch die Hindernisse Kräfte freisetzen.

Nehmen wir das Wasser. In einer gefüllten Badewanne ist es angenehm weich und warm. Im Pool oder in einem See beim Schwimmen ebenfalls. Aber wenn du vom 5-Meter-Brett ins Wasser springst und mit zu viel Körperfläche aufprallst, lernst du, welchen Widerstand Wasser leisten kann. Die Oberfläche wird hart wie Beton. Tauchst du aber wie ein geübter Turmspringer mit gestreckten Beinen oder kopfüber und mit geraden Armen ein, so gleitest du einfach durch das Wasser dahin.

Selbst ein scheinbar weiches Hindernis wie Wasser kann dir ganz schön weh tun. Du musst lernen, richtig damit umzugehen. Es kann dir eine angenehme Abkühlung verpassen. Vor allem aber wirst du, wenn du richtig eintauchst, in der Tiefe verborgene Schätze finden. Das klingt etwas abenteuerlich romantisch, ich weiß, aber die Vorstellung ist doch sehr hilfreich.

Wasser ist ein guter Lehrmeister für den Umgang mit anderen Meinungen, Widerspruch und drohenden Auseinandersetzungen. Du kannst dich dagegen werfen oder breitbeinig entgegenstellen und die Brust bieten. In vielen Fällen kann das zu einem kapitalen Bauchfleck führen, der schmerzhaft ist. Dein Gegenüber wird, wenn du dich dagegen wirfst, kaum freiwillig zur Seite weichen, sondern Gegendruck leisten.

Im Berufsleben ist Kampf im seltensten Fall ein Weg zum Erfolg. Je ruhiger, klarer und eleganter du in Meinungsverschiedenheiten agierst, desto höher die Chance, sie ohne Schäden zu lösen. Das Eintauchen in die Situation, wie ein geübter Turmspringer in das Wasser eintaucht, kann dich zu neuen Erkenntnissen über die Lage und dein Gegenüber führen. Mit diesem Wissen wirst du sowohl deinen GesprächspartnerInnen als auch den Situationen erfahrener und stärker begegnen können.

So kann ein Hindernis für dich zu einer Quelle von Kraft und Erfahrung werden. Allerdings gebe ich gerne zu, dass das einfacher klingt, als es ist, und viel Aufmerksamkeit und Beherrschung verlangt.

Meistens halten uns Hindernisse auf, schneller zu unserem Ziel zu gelangen. Was kann also ein Lehrmeister für alle sein, denen der Fortschritt zu langsam kommt?

WASSER UND DER LAUF DER DINGE

Wasser ist eine der größten Erfolgsgeschichten dieser Erde: Durch den Zusammenschluss der Elemente Helium und Sauerstoff entstanden, bedeckt Wasser mehr Fläche des Globus als das Land. Das erste Leben ist im Wasser entstanden, wir Menschen bestehen zu 75 % aus Wasser, es stillt den Durst, wird zum Garen von Lebensmitteln eingesetzt, reinigt und lässt außerdem alle Pflanzen wachsen. Darüber hinaus kann es ganze Städte mit elektrischer Energie versorgen und überall die Lichter angehen lassen. Wie sich das Wasser bei Hindernissen verhält, kann also ein gutes Vorbild auf dem Weg zu deinem Erfolg sein.

Wasser bewegt sich, auch wenn es scheinbar stillsteht

Im Flussbett bewegt sich das Wasser dahin, bis es in einen anderen Fluss, in einen See oder ins Meer mündet.

Wenn du am Ufer stehst, kannst du die Bewegung des Wassers manchmal nicht erkennen. Es scheint stillzustehen. Wirfst du einen Stock hinein, so kannst du aber sehen, wie er flussabwärts getrieben wird.

Auf deinem Weg wirst du immer wieder den Eindruck bekommen, nicht weiterzukommen. Du wirst unzufrieden, weil du scheinbar stillstehst. Du spürst nicht, wie du in die Richtung deiner Ziele und deines Erfolges fließt.

Um die Bewegung zu erkennen, musst du eine genaue Untersuchung deiner Fortschritte machen. Wie ein Holzstab die Flussbewegung sichtbar macht, ist das im beruflichen Alltag eine Aufzeichnung darüber, was du geschafft hast. Notiere jeden auch noch so kleinen Erfolg und jede Form von Weiterkommen. Spürst du die Unzufriedenheit in dir aufsteigen, wirf einen Blick auf deine Notizen und du wirst erkennen, dass du vielleicht nicht in riesigen Sprüngen, aber trotzdem in kleinen Schritten voranschreitest.

Hindernisse machen Wasser schneller

Gebirgsbäche können gemütlich dahinplätschern, bis sie zu Steinen kommen, die aus dem Wasser ragen und sich entgegensetzen. Das Wasser gibt nicht auf, sondern fließt herum und wird dabei sogar schneller. Hindernisse steigern also die Geschwindigkeit des Wassers.

Im Fluss deines beruflichen Lebens kann das Gleiche geschehen. Aufgrund von Schwierigkeiten musst du mehr Kraft aufwenden und dir neues Wissen aneignen. Beides kann nicht nur zum Meistern der Probleme führen, sondern darüber hinaus deinen Weg beschleunigen.

Wir gehen beruflich oft in eingefahrenen Bahnen dahin und kommen gar nicht auf die Idee, es könnte auch anders funktionieren. Ein unvorhergesehener Vorfall, der uns aufrüttelt, mag ärgerlich sein, bringt aber auch die Notwendigkeit zu einer Kursänderung. Auch wenn sie ungeplant passiert, kann sie sich als Abkürzung oder Beschleunigung herausstellen.

Wasser entwickelt seine größte Kraft durch Hindernisse

Ist das Hindernis eine Staumauer, hat das Wasser vorläufig einmal keine Chance und wird zurückgehalten. Stell dir ein Hindernis im Leben vor, das so groß, hoch und stabil wie die Mauer eines Staudamms ist.

Staudämme werden aber nicht zum Spaß errichtet, sondern, um die Kraft des Wassers zu nutzen, die auf diese Weise entsteht. Wird das Wasser durch Schleusen und Rohre gelassen und trifft es auf Turbinen, so hilft es plötzlich mit, elektrischen Strom zu erzeugen.

Das muss man sich einmal vorstellen: Das Wasser fällt als Regentropfen auf den Berg und sammelt sich in einem kleinen Bach. Die ersten Beweise, was in ihm steckt, liefert es beim talwärts Fließen, wenn sich Steine entgegensetzen. Es beschleunigt und kann richtig wild werden, was Leute schätzen, die Wildwasser-Rafting betreiben. Stürzt es als Wasserfall aus der Höhe hinab, bekommt es Kräfte, die vorher nicht zu erkennen waren. Das weißt du spätestens, wenn du unter einem Wasserfall schwimmst und den Schwall auf den Kopf bekommst oder vom Strudel im Auffangbecken hinabgezogen wirst.

Wenn sich immer mehr Wasser in Flüssen sammelt und es aufgestaut wird, entfesselt sich durch dieses Hindernis eine ungeheure Kraft. Wer schon einmal das Donnern von Wassermassen in einem Kraftwerk gehört und das Schäumen und Toben gesehen hat, der weiß, wie gigantisch diese Kraft ist.

Wenn Hindernisse in der Natur die wahre Kraft eines Elementes wie Wasser hervorholen können, so kann das doch auch bei Hindernissen möglich sein, die sich dir im Leben auf dem Weg zum Erfolg entgegenstellen.

Das behaupte ich nicht nur, das kann ich an einem Beispiel beweisen. Schon einige Male in meinem Leben habe ich mich um Projekte und Möglichkeiten bemüht und sie nicht erhalten. Im Fernsehen hatten meine Vorgesetzten andere Vorstellungen und wollten mir keine neuen Aufgaben geben. Verlage haben ihre Programme geändert oder wurden verkauft und ich konnte auf einmal meine Bücher nicht mehr dort verlegen.

Das Wasser meiner Kreativität wurde aufgestaut. Das war alles andere als angenehm und sogar ziemlich frustrierend für mich. Da ich zum Schwarzsehen neige, hat mich die Angst überkommen, nie wieder die Möglichkeit für neue Sendungen oder Bücher zu bekommen.

Trotzdem habe ich weitergearbeitet, Erfahrungen gesammelt, meinen Stil verfeinert und Ideen und Bücher einfach nur so geschrieben. »Für die Schublade« wird das genannt.

Wie bei den Staukraftwerken kam aber der Moment – meistens wenn ich nicht damit gerechnet habe –, in dem sich eine Schleuse geöffnet hat. Neue Sendungen wurden dringend benötigt und ein Verlag wollte unbedingt Bücher von mir verlegen, die aber anders als meine bisherigen Werke sein sollten. In der »Aufstau-Zeit« hatte ich genügend Konzepte und Manuskripte gesammelt, die ich nun loslassen konnte.

Der große Trick besteht also darin, die Kraft der Hindernisse zu erkennen, richtig einzuordnen und zu nutzen. Zugegeben, das ist alles andere als einfach. Noch immer können mir Hindernisse gestohlen bleiben, aber da sie sehr hartnäckig sind, ist die Herausforderung, das Beste aus ihnen herauszuholen und sie als Kraftquelle anzuzapfen.

Der Umgang mit Hindernissen ist für jeden Menschen anstrengend und eine Aufgabe, die fordert. Er wird aber doppelt anstrengend, wenn wir inneren Widerstand gegen die Hindernisse leisten, sie wegwünschen und uns mit Jammern darüber aufhalten, wie unfair sie doch wären. Wir verdienten wahrlich etwas Besseres.

Wer jetzt denkt, dass sich das so einfach sagt, obwohl es ziemlich schwierig ist, der hat völlig recht.

Damit kommen wir zu einem der größten Märchen, die in unseren Tagen erzählt werden, und das viele glauben. Dieser Glaube aber ist eine Quelle von Frustration und Ärger. Es ist nicht nur ein Märchen, es ist eine Lüge. Diese Lüge macht uns fertig, lässt uns denken, wir wären Versager und alle anderen wären besser als wir selbst. Die Lüge ist weit verbreitet und viele, die behaupten, das Leben wäre für sie ein Kinderspiel, machen sie noch schlimmer.

DAS LEBEN IST EINFACH

Die größte Lüge überhaupt lautet:

> Das Leben ist einfach.

Dieser Gedanke ist ein frommer Wunsch, sonst nichts. Dieses Märchen geht noch weiter und redet uns ein:

> Das Leben ist unangenehm,
> wenn es nicht einfach ist.

Damit nicht genug:

> Viele Leute haben einfach Pech
> und dadurch wird ihr Leben schwierig.

Noch schlimmer ist die Steigerung:

> Wenn du Probleme im Leben hast,
> dann ist das dein Versagen.

Alle diese Aussagen halte ich für Quatsch. Puren Quatsch, sonst nichts. Solche Ansagen zu glauben, macht das Leben schwer, weil sich unser Leben dann wie eine einzige Pleite anfühlt.

Hilfreicher ist, es so zu sehen:

 Das Leben ist saumäßig anstrengend.

Grundsätzlich ist das Leben eine Anhäufung von
Schwierigkeiten.

Es passiert jede Menge S.... im Leben, der uns gestohlen bleiben könnte.

Neben einigen wirklich wunderbaren Menschen gibt
es eine Ansammlung von A...., die uns eine mühsame Zeit bereiten.

Schicksal ist so ziemlich das Widerlichste überhaupt,
denn es schlägt zu wie Monster in der Geisterbahn.

Unser Leben, unser Weg, jedes Jahr, jeder Monat,
jede Woche, jeder Tag – alles voll mit Hindernissen.

Wenn ich mir diese Grundsätze eingestehe, dann geht es
mir nicht schlechter, sondern deutlich besser. Ich denke
wesentlich seltener: Das darf nicht so sein. Ich will das so
nicht. Wieso passiert mir das?

Einer meiner engsten Freunde erinnert mich immer, wenn
ich mich bei ihm ausjammere, wie schwierig und schrecklich
vieles sei: »Ja, Thomas, ich verstehe deinen Ärger, deine Ent-

täuschung und deine Traurigkeit. Life is trouble. Das ganze Leben ist einfach eine Anhäufung von Schwierigkeiten. Natürlich sind auch viele schöne Wendungen und Momente dabei, aber trotzdem ist die Grundtendenz alles andere als ›einfach‹. Du kannst dir gerne ein wenig leidtun, Thomas, denn das braucht der Mensch manchmal. Danach aber bitte stelle dir die Frage aller Fragen: Was kann ich jetzt tun?«

Um kein Missverständnis aufkommen zu lassen: Ich liebe das Leben und mir ist eine riesige Menge an wunderbaren Dingen geschehen. Ich habe bereits viel Erfolg gehabt, kenne zahlreiche großartige Menschen, habe gute Freunde, bin glücklich verheiratet und erfreue mich bester Gesundheit. Alles Gründe, unendlich dankbar zu sein.

Trotzdem bleibe ich nicht von Schwierigkeiten verschont. Sie kommen nämlich ZU ALLEN und kümmern sich einen Dreck, ob wir sie wollen oder nicht.

Um deine Pläne, Wünsche, Ideen und Vorhaben zu verwirklichen, musst du selbst Schritte setzen. Dieses Buch ist kein Poesiealbum, in dem liebe Sprüche stehen, die zu Herzen gehen. Dieses Buch ist mehr wie ein freundlicher Tritt ins Hinterteil, der dir sagen soll: Los geht's! Setze dich in Bewegung. Nicht über den Erfolg reden oder nur davon träumen, sondern ihn anpeilen und darauf hinarbeiten.

Dazu ist aber eine Sache unumgänglich. Du musst eine Grundeinstellung entwickeln, die dein gesamtes Leben, beruflich wie privat, völlig verändern und stark verbessern kann.

Auf ins Abenteuer. Du entscheidest jetzt selbst. Findest
du den Weg zu dieser Grundeinstellung und bist du bereit,
sie zu beherzigen?

FINDE DIE SPEZIELLE KRAFT ZUM ÜBERWINDEN ALLER HINDERNISSE

Vielleicht hast du als Kind ein Buch gelesen, in dem du am Ende jedes Kapitels entscheiden musstest, ob du durch die rote oder die grüne Tür gehen willst. Wenn du die rote öffnest, sollst du auf Seite X weiterlesen, durch die grüne geht es auf Seite Y.

Wie angekündigt, folgt nun ein »Du entscheidest selbst«-Abenteuer zum Erfolg. Du wirst in diesem Buch noch mehr davon finden, damit die ganze Sache nicht zu ernst wird. Lockerheit macht vieles leichter.

Triff die Entscheidungen auf den nächsten Seiten frisch heraus, ohne langes Nachdenken.

Das Erfolgsgeheimnis-Spiel

Stell dir vor, zu Beginn der Besteigung des mystischen Berges tritt dir eine Art Obi-Wan Kenobi entgegen.

Oder du findest einen Hinweis gleich zu Beginn deiner Erfolgsbedienungsanleitung.

Oder deine Trainerin bläst kräftig auf der Trillerpfeife und ruft dann eine Frage.

Sie lautet:

BIST DU BEREIT, DIE VOLLE VERANTWORTUNG ZU ÜBERNEHMEN?

*DIE VOLLE VERANTWORTUNG FÜR DICH,
WAS DU TUST, DEINEN ERFOLG*

Wie lautet deine Antwort?

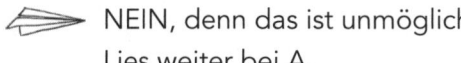 NEIN, denn das ist unmöglich.
Lies weiter bei A.

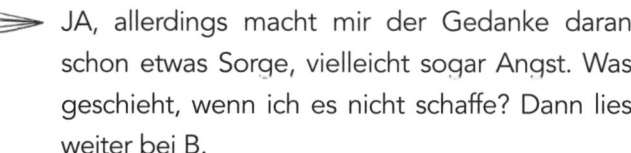 JA, allerdings macht mir der Gedanke daran schon etwas Sorge, vielleicht sogar Angst. Was geschieht, wenn ich es nicht schaffe? Dann lies weiter bei B.

A

Alles klar!

Übernimmst du nicht die volle Verantwortung, überlässt du sie meistens anderen.

Um eines klarzustellen:
Das ist weder schlecht noch gut.
Es ist einfach nur eine Entscheidung, die Konsequenzen hat.

Viele Leute machen alle anderen Menschen und »die Umstände« verantwortlich, wenn Dinge nicht klappen oder sich nicht so entwickeln, wie sie sich das wünschen. Zu jammern und sich gemeinsam zu bedauern, ist ein beliebter Zeitvertreib in dieser Gruppe.

 Du willst dabei bleiben und keine Verantwortung übernehmen? Lies weiter bei E.

 Falls du dich doch anders entscheidest, lies weiter bei C.

Warnung!

Wenn du Angst, Sorge und Selbstzweifel spürst,
dann musst du wissen, dass sie sich verdoppeln und
verdreifachen können.

Wer die Verantwortung übernimmt, wird mit zahlreichen Herausforderungen konfrontiert.
Du wirst einen Weg gehen, der manchmal schwierig
und hart sein kann.

 Willst du trotzdem bei deiner Entscheidung
bleiben, dann blättere zu C.

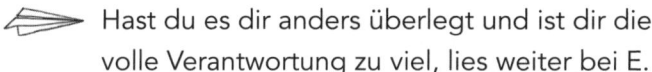 Hast du es dir anders überlegt und ist dir die
volle Verantwortung zu viel, lies weiter bei E.

C

Bei allen Schwierigkeiten, die dich erwarten, kann ich dir etwas garantieren. Übernimmst du die Verantwortung für dein Leben, wirst du niemals von solchen Gedanken geplagt werden:

HÄTTE ICH DOCH NUR...

MIR TUT ES HEUTE NOCH LEID,
DASS ICH DAMALS NICHT...

ES WAR EIN FEHLER,
DEN EINFACHEREN WEG ZU GEHEN...

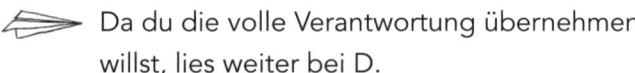 Da du die volle Verantwortung übernehmen willst, lies weiter bei D.

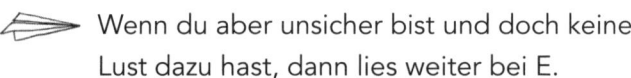 Wenn du aber unsicher bist und doch keine Lust dazu hast, dann lies weiter bei E.

Großartig!

Es erwartet dich eine Menge Arbeit. Das ist nichts für Wehleidige, denn es handelt sich um Arbeit an dir selbst.

 Lies weiter bei F.

D

In diesem Fall würde ich dich bitten, dieses Buch weiterzuschenken. Es gibt in deinem Umfeld sicher jemanden, der sich auf den Weg zum Erfolg machen will.

Es ist in allen Fällen unumgänglich, die volle Verantwortung für das eigene Leben und die eigenen Aktionen zu übernehmen.

Danke auf jeden Fall dafür, dass du dich für dieses Buch interessiert hast.

 Falls du es dir an dieser Stelle anders überlegst und doch weiterlesen willst, dann würde mich das sehr freuen. Denn ich glaube nach wie vor sehr an deine hohen Erfolgschancen. Also? Willst du weiterlesen? Dann gehe zu F.

Du bist also bereit, die volle Verantwortung für dich, deine Aktionen, deinen Weg und deine Entscheidungen zu übernehmen. Gratulation. Dieser Entschluss bringt dir eine der wichtigsten Grundlagen für Erfolg (aber weder die einfachste noch die einzige).

Nächste Frage:

Wie gehst du selbst mit dir um?

Wie mit einer Stradivari? Das ist die teuerste Geige der Welt.

 Dann lies weiter bei G.

Oder wie mit einem der armen Esel, die auf griechischen Inseln TouristInnen steile Wege nach oben tragen müssen?

 Dann lies weiter bei H.

Wenn deine Antwort wahr ist und du ehrlich bist, dann wieder Gratulation. Du behandelst dich besser, als ich mich selbst innerlich oft behandle. Auf jeden Fall schätzt du dich mehr, als sich viele andere Leute selbst wahrnehmen.

Ich will dir nichts unterstellen, aber Hand aufs Herz: Ist das wirklich die Wahrheit? Pflegst du dich, lobst du dich, gehst du mit dir selbst um wie mit einem Instrument, das Millionen Euro wert ist?

Die wenigsten tun es.

 Wenn du mit reinem Gewissen sagen kannst, dass du zu diesen wenigen gehörst, dann lies gleich weiter bei I.

 Falls du dich vielleicht doch öfter wie einen armen Tragesel beschimpfst und innerlich schlägst, lies weiter bei H.

Es gibt nur zwei Arten von Leuten: Die Leute, die zugeben, dass sie sich innerlich öfters wie einen armen Tragesel behandeln, und die anderen, die flunkern.

Das tut jeder Mensch. Es scheint uns angeboren, denn vor tausenden von Jahren hat die ständige Selbstkritik die Leute wachsam gehalten und verhindert, dass sie dem nächsten Säbelzahntiger zum Opfer fallen.

Säbelzahntiger gibt es keine mehr, die Meckerstimme aber schon. Diese Stimme in unserem Kopf ist bis heute darauf programmiert, uns zu beschimpfen, statt uns zu loben. Wir reden im Kopf mit uns selbst auf eine Art, wie wir niemals mit unseren Freundinnen und Freunden sprechen würden.

Das ist doch wirklich verrückt. Allerdings halte ich es auch für zutiefst menschlich und sich dafür zu beschimpfen, dass wir ständig an uns nörgeln, ist nicht besonders hilfreich.

Was wir, die wir Erfolg haben wollen, aber tun können, ist, die innere Stimme nicht auf Autopilot laufen zu lassen. Wenn sie zu reden beginnt, können wir ihr zuhören, doch nicht zu lange, und dann entscheiden, ob wir den Quatsch glauben wollen oder lieber eine andere Einstellung zu uns einnehmen möchten.

Der Trick geht meiner Erfahrung nach nicht anders:

Hinhören

Gleich einmal etwas Freundliches über uns denken und uns loben (für jede Kleinigkeit). Danach entscheiden, ob die Nörgelstimme etwas sagt, das wahr und hilfreich sein könnte. Sie kann dich auch auf etwas aufmerksam machen, das du verbessern solltest. Jedes Detail, das du an dir, deinem Können, deinem Wissen und deiner Fertigkeit verbesserst, gibt dir Energie für Erfolg. Die Nörgelstimme ist ein Hindernis, das uns überwältigen und stoppen kann. Sie kann uns aber auch wichtige Hinweise vermitteln.

Wenn du empfindest, dass das Geschimpfe der inneren Stimme überzogen ist und nicht zutrifft, dann bedanke dich bei ihr und gehe weiter auf deinem Weg. Sie wird zwar nicht verstummen, aber du kannst sie mit ruhigem Gewissen ignorieren.

 Lies weiter bei I.

Auf die Frage, was für sie das größte Hindernis zum Erfolg ist, antwortet ein Großteil der Leute: sie selbst.

Ist das nicht pervers? Du bist deine Stradivari. Du hast als Instrument nichts anderes zur Verfügung als dich selbst. Trotzdem schätzen sich die meisten nicht hoch ein, sondern sind der Meinung, sie wären nur eine verstimmte Billiggeige, auf der höchstens herumgekratzt werden kann. Ihr Können, ihre Einstellungen, ihre Gedanken und Aktionen sind die Hindernisse, obwohl sie die Gründe für persönlichen Erfolg sein sollen.

Der 3. Schritt wird dir dazu verhelfen, ein wesentlich besseres und stärkeres Bild von dir selbst zu bekommen und dein eigener Coach zu werden.

Zuerst aber noch die Formel zur Lösung von Problemen.

LÖSEN STATT JAMMERN

Ein echter Stolperstein zum Erfolg ist das Jammern. Um es genauer auszudrücken: das Jammern, das länger als drei Minuten dauert.

Rate, welche MitarbeiterInnen bessere Aufstiegschancen haben und in Unternehmen lieber gesehen werden:

Sind es die Leute, die sehr detailreich und dramatisch über jedes Problem berichten können?

Oder sind es Leute, die das Problem schildern und bereits Lösungsvorschläge bringen?

Für die Antwort braucht niemand ein abgeschlossenes Studium mit Master-Diplom.

Das größte tägliche Ärgernis für Führungskräfte sind MitarbeiterInnen, die auftauchen und wortreich über Probleme erzählen, danach aber zu schweigen beginnen und erwarten, dass alles für sie gelöst wird. KollegInnen, die sich nur beklagen, wie schwierig alles ist, nerven gehörig.

Jeder Art von Problem begegnest du am besten mit einer Bedienungsanleitung für Lösungen. Diese Anleitung ist vielfach erprobt und ich empfehle sie sehr.

BEDIENUNGSANLEITUNG ZUR PROBLEMLÖSUNG

1. Was ist das Problem?

Je genauer du es analysieren und beschreiben kannst, desto besser. Diese Frage sollte auch immer die erste sein, wenn jemand mit einem Problem zu dir kommt, das es zu lösen gibt.

Wenn Leute aufgeregt sind und/oder herumjammern und du diese Frage stellst, rechne mit einer unklaren und emotionellen Antwort. Das ist sehr menschlich und sehr normal und passiert auch mir oft. Wenn diese erste Antwort geschafft ist, frage noch einmal nach und versuche mehr Klarheit zu schaffen.

Aber Achtung: Fast immer löst du damit einen zweiten Anfall von Klagen und Jammern aus. Bleib ruhig. Leute müssen Druck ablassen. Danach aber stelle die Frage wenn nötig noch ein drittes Mal und dränge auf Fakten.

Mach das auch im Selbstgespräch und bleibe freundlich, aber bestimmt. Wir haben die Eigenschaft, uns sogar bei eigener Analyse selbst anzujammern und unser eigenes Mitleid zu erlangen.

Das Ziel der ersten Frage ist eine möglichst klare Darstellung, worum es eigentlich geht.

2. Welche Lösungsmöglichkeiten gibt es?

Wieder kann das Jammern beginnen, aber diesmal bleibe bestimmt und hart. Du willst Wege erfahren, wie das Problem aus der Welt geschafft werden kann. Von Leuten, die für dich arbeiten oder mit denen du arbeitest, oder von dir selbst.

Was also könnte getan werden, um die Schwierigkeit zu lösen, das Hindernis zu überwinden? Liste alles auf und denke nicht lange nach, wie praktikabel, logisch oder möglich die Lösung ist. Sammle so viele wie möglich.

3. Für welche dieser Möglichkeiten wirst du dich entscheiden?

Egal ob du diese Frage anderen oder dir selbst stellst: Es kann nur eine Antwort geben. Studiere alle Varianten, die aufgekommen sind, wenn der beste Weg nicht gleich offensichtlich ist. Du kannst sie bewerten, mit Punkten versehen, kombinieren, umranden oder ausstreichen. Zum Schluss muss dastehen, was zu tun ist.

4. Was brauchst du nun und wann beginnst du mit der Lösung?

Ist nur ein Telefonat nötig? Oder eine E-Mail? Oder ein persönliches Gespräch? Oder mehr? Benötigst du die Mitarbeit von anderen? Oder Hilfsmittel? Oder Werkzeuge, welcher Art auch immer?

Bleibe bei den Fakten und liste auf, was du nun einsetzen wirst, und als Nächstes lege sofort fest, wann du die Lösung umsetzt.

Es braucht ein paar Mal Durchatmen und viel Ruhe, um so praktisch an die Lösung von Problemen und Hindernissen heranzugehen. Notiere die vier Fragen. Ich habe sie als Notiz auf dem Handy, als Dokument im Laptop und sogar ausgedruckt in der Schreibtischschublade. Bei Bedarf nehme ich sie zur Hand und fülle sie aus.

Vielleicht ist es nicht möglich, alle vier Fragen sofort befriedigend zu beantworten. Nimm dir die Zeit, die du brauchst. Vielleicht willst du mit jemandem darüber reden (reden, nicht klagen) oder spazieren gehen und frische Luft schnappen oder über die Möglichkeiten einmal schlafen.

Das ist alles erlaubt, wenn der Zeitrahmen es möglich macht.

Was du dir und anderen verbieten solltest, ist das Vor-sich-her-schieben von Problemen. Schau ihnen in die Augen. Geh die Lösung munter an, dann ist sie – wie der alte Reim sagt – fast schon halb getan.

BEHALTE IMMER IM AUGE

1. Etwas zu tun, das nicht zum gewünschten Erfolg führt, ist menschlich.

2. Das Gleiche wissentlich zweimal falsch zu machen, ist mehr als ärgerlich. Daher lerne genug aus 1, damit 2 nie eintritt.

3. Jedes Hindernis, das du bewältigt hast, jedes Problem, das von dir gelöst wurde, war eine Lektion. Du hast dazugelernt.

4. Beim nächsten Mal kannst du das gleiche oder ähnliche Hindernis wesentlich schneller und effizienter überwinden.

5. Weil diese Prozesse mit Lernen zu tun haben, kann es sein, dass du Lehrgeld bezahlst, also Ausgaben hast, die du dir lieber erspart hättest.

6. War das Lehrgeld aber dazu da, dich für die nächsten Herausforderungen zu rüsten, so sei dankbar dafür.

7. Erinnere dich immer daran: Keine Fehler machen nur Leute, die nichts tun.

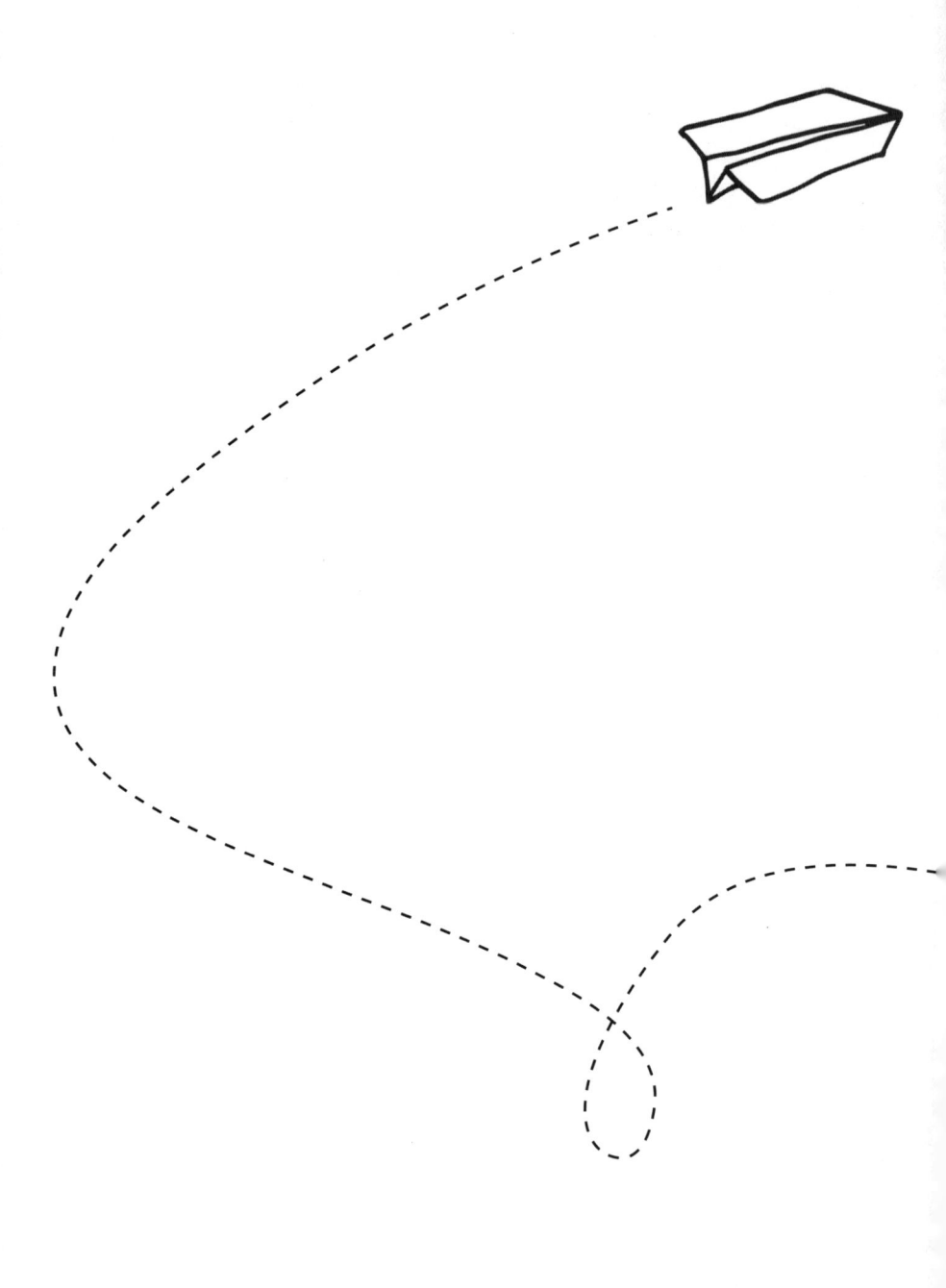

SCHRITT 3

ENTSCHEIDE,
WER DU SEIN WILLST

DEIN WERT UND DEINE QUALITÄT

Noch einmal und doppelt unterstrichen:
Sieh dich als eine Stradivari-Geige. Diese
Wertschätzung verdienst du. Wenn du sie dir
nicht entgegenbringst, wundere dich nicht,
wenn es auch niemand anders tut.

Bei Auktionen erzielen Stradivari-Geigen Preise von 1,5 Millionen Euro.

Gebaut wurden sie vor mehr als 250 Jahren. Sie sollen den besten Klang aller Geigen haben.

Der italienische Geigenbauer Antonio Stradivari hat seine Handwerkskunst in vielen Details zu allerhöchster Qualität verbessert und dieser Wille zum Erfolg hat unvergleichliche Instrumente geschaffen.

Du bist die einzige
Stradivari, die dir zur
Verfügung steht.

Natürlich vergleichen wir uns gerne und empfinden, dass alle anderen besser sind als wir.

Warnung! Spoiler! Das stimmt in vielen Bereichen wahrscheinlich sogar.

Trotzdem aber können wir uns als ein edles Instrument, ein wunderbares Gerät oder einen strahlenden Pokal aus einem Fantasyfilm sehen. Alle drei Gegenstände haben gemeinsam, dass sie geschätzt, gepflegt und gut versorgt werden.

Das musst du für dich tun! Du MUSST.

Dafür übernimm die Verantwortung und warte nicht darauf, dass diese Wertschätzung von jemand anderem kommt.

Das Grundmaterial deines Erfolges bist du.

Da es DEIN Erfolg sein wird, sieh dich als das beste und wertvollste Material, das du in diesem Augenblick sein kannst. Du kannst dich veredeln, trainieren, aufrüsten, ausbauen oder vergolden. Trotzdem bleibst du im Kern du selbst. Es gibt keine Möglichkeit, dir das Hirn eines anderen Menschen einzupflanzen, der dir klüger erscheint. Du kannst dir auch nicht das Aussehen von anderen transplantieren lassen oder die Hände eines anderen Menschen holen.

Statt über das Grundmodell, das du darstellst, zu klagen und es schlechtzumachen, vermittle dir, dass du nur dieses Modell hast und es an dir liegt, die beste und größte Leistung rauszuholen.

Eine Stradivari in der Hand eines Konzertgeigers wird die wunderschönsten Töne von sich geben. Ihr Klang wird nicht nur die Ohren von Musikliebhabern erfreuen, sondern auch zu Herzen gehen.

Dieselbe Geige in den Händen eines Menschen, dem das Instrument, das Üben und das Spielen zuwider sind, wird stumm bleiben oder im besten Falle quietschen und krächzen, wenn der Bogen widerwillig über die Saiten geführt wird.

So verhält es sich nun aber auch mit dir. Du bist dein Instrument und hast die große Aufgabe, meiner Meinung nach sogar die Verpflichtung, dich zum besten Klang überhaupt zu bringen, den du von dir geben kannst.

Deine Aufgabe im Leben besteht nicht darin, besser als alle anderen zu werden. Wer sich ständig vergleicht, wird in der Sackgasse des Frustes landen, weil es immer jemanden gibt, der noch besser ist.

Selbst wenn du einen Tag an der Weltspitze liegst, kannst du jemanden entdecken, der deiner Meinung nach noch mehr Erfolg hat.

Mir erscheint es als die wichtigste Aufgabe überhaupt, die beste Version von uns selbst zu werden.

Wer für die beste Ausübung seines Berufes mit Lust und Durchhaltevermögen an sich arbeitet, der setzt einen der wichtigsten Schritte in Richtung Erfolg.

Natürlich bedeutet Erfolg immer, ein Stück weiter zu sein als andere oder aus der Menge der vielen herauszuragen. Statt aber ständig nach allen Seiten zu schielen, ist es wesentlich effizienter, diese Zeit und Kraft in die eigene Verbesserung zu stecken.

Wer es schafft, die beste Version von sich selbst zu werden, der hat die größten Chancen, voranzukommen und aufzusteigen (wenn du das willst – Erfolg hat nicht immer nur mit steilem Aufstieg zu tun).

Wenn du nun der Meinung bist, du hättest das Optimum aus dir selbst geholt, aber andere sind dir noch immer voran, dann bist du trotzdem keinesfalls als »erfolglos« einzustufen. Es eröffnen sich für dich andere Wege. Das wirst du in diesem Buch noch kennenlernen.

Eine wichtige Entscheidung im Leben, die du vielleicht sogar mehrmals treffen wirst, lautet: Was soll ich tun? Welchen Beruf soll ich ausüben? Welche Tätigkeit erfüllt mich am meisten und hat das größte Erfolgspotential für mich?

Es gibt allerdings eine Frage, die ähnlich klingt, aber viel interessantere und hilfreichere Antworten bringen kann. Diese Antworten können bei Entscheidungen zum Beruf oder deinem Vorankommen eine große Unterstützung, ja sogar ein Turboantrieb werden.

Statt WAS SOLL ICH WERDEN, frage dich...

Wer will ich sein?

WER WILL ICH SEIN?

Wie im Abenteuerspiel hast du zwei Möglichkeiten:

Du stellst dich der Frage und suchst nach einer möglichst präzisen Antwort, die sich für dich gut anfühlt.

Oder...

Du stellst dich der Frage nicht und machst einfach weiter. Vielleicht fühlst du dich trotzdem wohl und hast den Eindruck, die besten Entscheidungen für dich und dein Leben zu treffen. Falls die Unzufriedenheit zu nagen beginnt, kann es nützlich sein, dich mit der Frage auseinanderzusetzen.

Das größte und wichtigste Projekt deines Lebens bist du selbst. Daher auch die Frage, WER du auf dieser Welt sein willst. Mit nur kurzer Verzögerung solltest du dir die nächste Frage stellen: WAS willst du sein, welche Laufbahn willst du einschlagen? Falls du unter zwanzig Jahre alt bist, kann diese Frage nach dem »WER WILL ICH SEIN?« sehr schwierig erscheinen. Vielleicht sogar noch schwieriger als deine Berufswahl. Das ist völlig normal.

Ich weiß, die Versicherung, dass es »normal« ist und auf viele zutrifft, ändert nichts an der Höhe deines Antwort-Mount-Everest-Gefühls. Persönlich finde ich es aber recht tröstlich und beruhigend, wenn ich erfahre, dass andere Menschen ähnliche Themen und Schwierigkeiten haben wie ich. Manchmal empfinde ich mich als Versager, weil ich meine, vor einer Situation Angst zu haben oder ein Problem nicht lösen zu können. Wenn mir Leute aus meinem Umfeld erzählen, dass es ihnen ähnlich ergeht, atme ich durch und die zusätzliche Ladung Sauerstoff regt mein Gehirn an.

Also sei versichert, du bist nicht allein (was du wahrscheinlich ohnehin schon festgestellt hast).

Wie vorhin erwähnt:

Das Wichtigste, das du für deinen Erfolg tun kannst, ist, die beste Version von dir selbst zu gestalten,
die du in diesem Moment sein kannst.

Die beste Version von dir ist die größte Kraft für beruflichen Erfolg (und nebenbei erwähnt auch für glückliche Zeiten in deinem persönlichen Leben).

Daher ist auch die beste Investition, die du machen kannst, in dich selbst. Wenn du vor der Entscheidung stehen solltest, Geld in deine Entwicklung, deine Weiterbildung, deine persönliche Verbesserung zu stecken oder ein Fahrzeug zu kaufen, so überlege wirklich sehr gut. Vielleicht kann das Fahrzeug noch warten, denn wenn du dich verbesserst und auf diese Weise mehr Erfolg erzielst, stehen dir nach einiger Zeit Mittel zur Verfügung, um ein besseres Modell zu kaufen. Was du gelernt, erfahren oder trainiert hast, bleibt dir ein Leben lang.

Das Finden und Entwickeln der besten Version von dir soll – das ist wichtig – weder Stress auslösen, noch zum Zwang werden. Falls du nach Perfektion strebst, vergiss das bitte auf der Stelle, denn sonst machst du dich ziemlich unglücklich.

Sei die beste Version von dir, die du in diesem Moment sein kannst. Morgen bist du vielleicht schon wieder ein paar Schritte weiter und hast neue Ideen. Deshalb warst du gestern aber nicht schlecht, sondern einfach nur das »gestrige Modell«. Es ist wie bei Autos: Das Vorjahresmodell ist nicht schlecht, nur weil ein neues Modell herausgekommen ist. Das neue Modell besitzt aber Verbesserungen.

Betonen möchte ich, dass die Arbeit an dir Mut braucht und eine Einschätzung deiner Person. Setze daher alles daran, dein ICH-Projekt ernsthaft, aber lustvoll zu betreiben. Keine Selbstzerfleischung, sondern Selbstgespräche, wie du mit einem Menschen reden würdest, der dich um deine Einschätzung seiner Person bittet.

Statt dich niederzukritisieren, finde zuerst einmal alle guten Seiten an dir und sieh dir danach alles an, was verbessert werden kann. Keine Sorge, ich komme bald schon ins Detail mit einigen Anregungen, wie du dein ICH-Projekt gut und freudvoll anlegen kannst.

Wenn du das alles liest, taucht in deinem Kopf vielleicht ein Wort auf, das ein Freude- und Erfolgskiller ist, wenn der Satz danach einfach stehen bleibt. Gleichzeitig ist es ein starkes Wort, wenn der Satz dahinter für dich zur Herausforderung wird.

Das Wort lautet…

…ABER

Das große Aber-Abenteuer

Nächste Runde im Abenteuerspiel des Erfolgs. Das Wort ABER hat sehr unterschiedliche Wirkungen. Es kann dich auf dem Weg zum Erfolg ausbremsen, zur Dauerentschuldigung bis zu deiner Pensionierung werden, aber auch (da ist das »aber« schon wieder) ein Kraftschub sein.

Los geht's!

Was fällt dir spontan ein, wenn du dir die Frage stellst:

»Wer will ich sein?«

 Eine interessante Frage, ABER eine Antwort ist schwierig. Lies weiter bei A.

 Eine schwierige Frage, ABER ich kann sie sofort beantworten. Lies weiter bei B.

Ja, volle Zustimmung. Zu wissen und beschreiben zu können, wer man sein möchte, ist eine Herausforderung. Manche sehen es vielleicht als eingebildet, wenn du davon zu erzählen beginnst, wie du dich gerne sehen möchtest. Es kann auch als Schwäche ausgelegt werden, zu erkennen, an welchen Ecken und Kanten und Persönlichkeitszügen du arbeiten möchtest.

Möglicherweise hast du eine Vorstellung von dir selbst, die andere nicht so sehen. Die Frage ist dann, ob sie es wirklich gut mit dir meinen und du eine wichtige Erkenntnis von ihnen bekommen kannst. Oder ob sie einfach neidisch sind oder an mangelnder Fantasie leiden und daher deiner Vision nicht folgen können. Das gilt es genau zu untersuchen.

In den nächsten Kapiteln werde ich dir einiges über diese Safari zu dir selbst erzählen.

Nun aber weiter im ABER-Abenteuerspiel.

Wo würdest du das Wort ABER im folgenden kurzen Text einsetzen?

Ich möchte wissen, wer ich sein will, und meine Ziele, meinen Weg zum Erfolg und das Lebensgefühl, das ich mir wünsche, verfolgen,…

A

1. … ABER ich habe Angst vor Fehlern.

2. Oder: …das ich mir wünsche, verfolgen. Ich habe Angst vor Fehlern, ABER…

 Wenn du Position 1 wählst, lies weiter bei C.

 Wenn du Position 2 wählst, lies weiter bei F.

Hand aufs Herz: Kannst du die Frage wirklich auf der Stelle beantworten?

Oder hast du diese Antwort genommen, um in Sachen »Umgang mit dem Wort ABER« ein/-e MusterschülerIn zu sein?

Wie lautet deine Antwort?

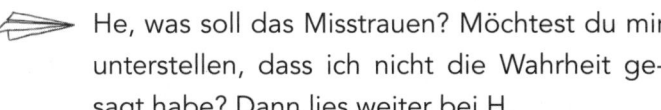 He, was soll das Misstrauen? Möchtest du mir unterstellen, dass ich nicht die Wahrheit gesagt habe? Dann lies weiter bei H.

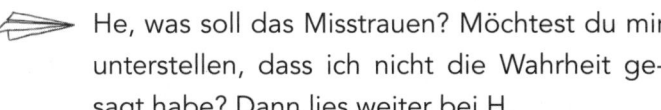 Hmmm, ertappt, ich hatte nur das Gefühl, dass du diese Antwort als richtig bezeichnen wirst, und wollte einen Pluspunkt sammeln. Ist doch menschlich. Wer will schon so dastehen, als wäre man noch immer ein/-e SchülerIn? Dann weiter bei J.

B

Willkommen im Klub der »Angst-vor-Fehlern-Habenden«. Ich nehme an, dass dieser Klub weltweit der Klub mit den meisten Mitgliedern ist. Es gibt keinen Grund, sich zu genieren oder als schwach zu empfinden.

Das ABER hat eine hemmende Wirkung, wenn du es an den Anfang des Satzes stellst und nach dem Punkt am Ende einfach aufhörst und in Schreckstarre verfällst.

Das passiert vielen, sehr vielen. Falls du immer wieder dazugehörst, verzeihe dir. Angst vor Fehlern ist einfach menschlich. Außerdem kann sie nützlich sein, weil sie uns antreibt, genau und nach bestem Wissen und Gewissen zu arbeiten. Daran ist doch nichts Schlechtes.

Zerstörerisch wird sie aber, wenn sie dich lähmt und in eine Starre versetzt, die dich nicht weitergehen lässt, wenn sie dir statt Schmetterlingen im Bauch ein Gefühl gibt, als hättest du ein Stachelschwein geschluckt. Falls du dich aufgrund dieser Sorge selbst beschimpfst und kritisierst, dann wird die Angst immer mehr Platz einnehmen, der eigentlich für deinen Erfolg reserviert ist.

Der Angst geht die Luft aus, wie einem alten Luftballon, wenn du mit ihr sprichst. Statt sich wegzuwünschen oder dich wegzudrehen, sag zu deiner Fehler-Angst: »Hallo, da bist du also wieder. Ich kann nicht behaupten, dass ich dich brauche oder mag. Aber ich werde dir kein Futter geben, indem ich mich gegen dich auflehne. Sehen wir uns einmal an, was du mir zu sagen hast.«

Danach untersuche, was deine Angst genau bedeutet. Welche Fehler könntest du machen? Wie groß ist die Wahrscheinlichkeit, dass dir dieser Fehler unterlaufen wird? Wie kannst du den Fehler vermeiden? Kann dir die Angst vielleicht sogar eine Verbesserungsmöglichkeit für deine Arbeit zeigen?

Die Angst ist leider sehr anhänglich und verschwindet selten einfach so für immer. Aber wenn sie nur mehr halb so groß ist, wäre das doch auch schon ein Erfolg. Konfrontiere sie. Nimm dir die Zeit. Sprich mit ihr. Schreibe ihr eine E-Mail, die du an dich selbst schickst. Was auch immer dich in den Dialog mit deiner Angst bringt, tu es. Vielleicht musst du Verschiedenes versuchen, bis du eine Erleichterung spürst, aber das ist es wert.

 Weiter geht es bei G.

Falls du deine Selbstverwirklichung in den Tätigkeiten MassenmörderIn, InternetbetrügerIn, TaschendiebIn oder Mafiaboss siehst, dann lautet der Satz doch am besten:

Ich darf alles sein, was und wie und wer ich sein will, aber die gerade genannten und artverwandte Gruppen kommen für mich nicht infrage.

Kleiner Scherz zum Schluss dieses Abenteuerspiels.

Bist du der Meinung, die Rahmenbedingungen deines Lebens machen es schwierig für dich, Erfolg zu haben?

Dann musst du zur Mona Lisa werden. Oder zu einem männlichen Gegenstück davon. Wie das geht erfährst du auf Seite 89.

D

Wie würdest du den Satz nach dem ABER fortsetzen?

Ich darf alles sein, was ich sein will…

Es mag dich möglicherweise überraschen, denn ich finde das ABER an der hinteren Position in diesem Fall berechtigt.

…aber wie groß ist die Verpflichtung unseren Eltern gegenüber? Sie haben oft Erwartungen, wie unser Leben verlaufen soll. Kannst du dich einfach darüber hinwegsetzen?

…aber was ist mit all den Leuten rund um dich, die ebenfalls ihre Ansichten haben und vielleicht der Meinung sind, dass genau der Beruf, der dir am besten gefällt, brotlos, dumm, sinnlos oder minderwertig ist?

Es ist einfach zu sagen: Klar kannst du sein, wer du sein willst. Aber du wirst mit Widerstand rechnen müssen. Der Widerstand kann von außen kommen, von den Leuten rund um dich, aber auch von innen durch Annahmen, wem du verpflichtet bist und was »man tut« und was »man darf«.

Wir wollen alle gerne in Harmonie mit Menschen leben, die uns sehr nahestehen. Über die Jahre haben wir in unserer Kindheit und Jugend Annahmen im Kopf gesammelt, die sich melden können, wenn du dich gerade freispielen willst. Diese Annahmen können wie Wahrheiten klingen, deshalb zahlt es sich aus, jede einzelne auf Richtigkeit zu untersuchen.

E

E

Annahmen sind zum Beispiel: Wenn ich eine Lehre mache, obwohl meine Eltern lieber hätten, dass ich studiere, werde ich sie enttäuschen.

Oder: Ich kann doch nicht der Einzige in der Familie sein, der…

Oder: Ich muss meiner Partnerin oder meinem Partner durch meine Tätigkeit gefallen, damit ich geliebt werde…

Es kann schwierig sein, sich von diesen Annahmen zu lösen. Trotzdem gilt:

Ja! Du darfst absolut sein, wer du sein willst.

Mit einer kleinen Einschränkung. Kannst du sie dir denken?

 Die Auflösung gibt es bei D.

Sehr gut. Du scheinst ein/-e Kennerln der Kräfte des Wortes ABER zu sein. Falls du nur geraten hast, auch gut. Das Wort ABER kann Wege aufzeigen, dem Problem die lange Nase drehen (in Gedanken kindisch zu sein, tut manchmal gut und verhindert spätere Magengeschwüre, wenn du auf diese Weise Wut abreagieren kannst) und dich weiterbringen. Vor allem hält es in Schwung.

Wenn du sogar weißt, wie du den Satz fortsetzen könntest oder würdest, scheinst du schon eine Bedienungsanleitung für den Umgang mit Angst vor Fehlern gefunden zu haben.

Falls du noch ein paar hilfreiche Gedanken möchtest, lade ich dich in einen sehr speziellen Klub ein. Bevor du losgehst, noch einmal dick unterstrichen: Das ABER nach einer besorgten, zweifelnden oder negativen Aussage zu positionieren, kann die Türen zu Lösungen öffnen.

 Der Klub, den du kennenlernen sollst, befindet sich bei C.

F

Wo sollte das ABER in diesem Satz stehen?

1) ...ABER ich darf alles sein, was ich sein will.

Oder:

2) Ich darf alles sein, was ich sein will, ABER...

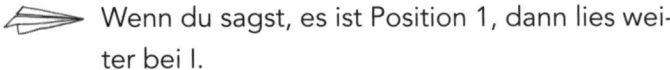 Wenn du sagst, es ist Position 1, dann lies weiter bei I.

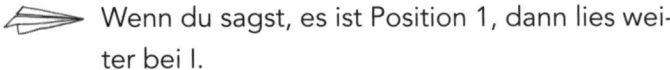 Wenn du findest, in diesem Fall wäre Position 2 besser, lies weiter bei E.

Wow! Ich bin von dir tief beeindruckt. Wer die Antwort aus der Hüfte schießen kann und sich klar ist, wer er oder sie gerne sein möchte, muss schon einiges an Gedanken, Zeit und Forschungsarbeit in sich selbst gesteckt haben.

Wenn du das getan hast, herzliche Gratulation. Du hast damit ein wichtiges Kapitel in deiner Erfolgsgeschichte geschrieben. Selbst wenn du es in einiger Zeit anpasst und überarbeitest, ist die Grundlage vorhanden. Das Bild von sich selbst ist ein Projekt, das niemals aufhört. Schließlich soll es dein Meisterwerk sein und große Maler haben an den Gemälden, die wir heute so bewundern, viele Jahre lang immer wieder etwas verändert, weil sie eine Verbesserung gesehen haben. Also nur Mut. Sei der Mensch, der du gerne sein möchtest.

H

Nächste Frage:

Wo würdest du das Wort ABER in diesem Text einsetzen:

Ich möchte wissen, wer ich sein will, und meine Ziele, meinen Weg zum Erfolg und das Lebensgefühl, das ich mir wünsche, verfolgen,...

3) …ABER ich habe Angst vor Fehlern.

4) Oder: …das ich mir wünsche, verfolgen. Ich habe Angst vor Fehlern, ABER…

 Wenn du Position 1 wählst, lies weiter bei C.

 Wenn du Position 2 wählst, lies weiter bei F.

H

…ABER ich darf alles sein, was ich sein will. Das ABER ist deine Kraftquelle, dein Obi-Wan Kenobi, dein weiser Begleiter, wenn der Satz davor so lautet:

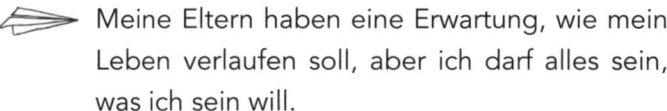 Meine Eltern haben eine Erwartung, wie mein Leben verlaufen soll, aber ich darf alles sein, was ich sein will.

Es mag sein, dass ich Druck spüre, meine Eltern oder die Leute rund um mich zufriedenstellen zu müssen, aber ich darf alles sein, was ich sein will.

Gut möglich, dass es Meinungen gibt, »man« tut das nicht so, wie ich mein Leben angehe, »man« ist nicht so, wie ich mich wohlfühle, und »man« sollte nicht zu hoch aus der Masse ragen, aber ich darf alles sein, was ich sein will.

Es kann Widerstand geben, wenn ich einen ungewöhnlichen Weg gehe, den nicht alle sofort verstehen, um mich auszudrücken und wohlzufühlen, aber ich darf alles sein, was ich sein will.

Du hast es richtig erkannt: Auch wenn sich Widerstand regt, auch wenn die Harmonie eine Weile gestört sein mag, auch wenn du Hoffnungen oder Erwartungen nicht erfüllst, die in dich gesetzt wurden, du darfst sein, wer du sein willst.

Mit einer kleinen Einschränkung. In einigen Fällen ist das ABER an der hinteren Position berechtigt.

Ich darf sein, wer ich sein will, aber…

Weißt du, wann das ABER dort stehen sollte?

 Lies weiter bei D.

Wer abstreitet, dass die Antwort schwierig ist, soll mir bitte umgehend schreiben. Ich würde wirklich gerne lernen, wie sie oder er so einfach sagen kann, wer sie oder er sein will.

Wer eingesteht, dass die Frage irritiert und die Antwort nicht auf der Zunge liegt, der kann zum Beispiel so weiterdenken und einiges entdecken:

STIMMT. Antworten auf die Frage »Wer will ich sein?« zu finden, ist schwierig. Wer du sein willst, ist ein Forschungsprojekt. Wenn du dabei Entdeckungen machst, die in dir einen kleinen freudigen Impuls auslösen, ist das bereits ein Erfolg und viele solcher Impulse werden zu einer der größten Kraftquellen überhaupt. Wie die Safari zu dir selbst abläuft, erfährst du in den nächsten Kapiteln.

Zuerst eine neue Herausforderung im Abenteuer ABER.

Wo würdest du das Wort ABER in diesem Text einsetzen?

Ich möchte wissen, wer ich sein will, und meine Ziele, meinen Weg zum Erfolg und das Lebensgefühl, das ich mir wünsche, verfolgen,…

J

5) …ABER ich habe Angst vor Fehlern.

6) Oder: …das ich mir wünsche, verfolgen. Ich habe Angst vor Fehlern, ABER…

 Wenn du Position 1 wählst, lies weiter bei C.

 Wenn du Position 2 wählst, lies weiter bei F.

J

BAUKASTEN DER
ABER-AUSREDEN

Für alle, die Ausreden brauchen, wieso sie nicht erfolgreich sein können, hier ein kleiner Baukasten für Ausreden. Viel Spaß beim Basteln und Zusammensetzen.

Wähle den Anfang der Ausrede aus:

● Ich wäre ja so gerne erfolgreich, aber...

● Ich bin sicher nicht schlecht, aber...

● Viele sagen, ich könnte mehr erreichen, aber...

Füge nach Belieben hinzu:

... in meiner Familie war nie jemand besonders erfolgreich.
... ich war nie gut in der Schule.
... ich hatte eine schwere Kindheit.
... ich habe keine Vorbilder in meiner Jugend gehabt.
... ich werde immer benachteiligt.
... und so weiter und weiter und weiter und weiter...

Zusammenfassen kannst du alle diese Ausreden unter dem Titel »Rahmenbedingungen«. Wenn für dich der Rahmen wichtiger ist als das Bild, stellst du dir selbst ein Bein.

Ein Rahmen ist ein Rahmen. Punkt. Kein Mensch redet über den Rahmen der Mona Lisa. Dieses Bild ist das wohl berühmteste der Welt. Jeder kennt es. Du hast es sicherlich schon viele Male gesehen. Aber wer weiß, wie es gerahmt wird?

Sieh dich selbst nicht nur als Stradivari-Geige, sondern auch als Mona Lisa.

DU bist das Kunstwerk, um das es geht. Die Rahmenbedingungen deiner Familie und Kindheit mögen nicht angenehm gewesen sein, aber möchtest du dein Leben lang auf den Rahmen starren oder dich lieber zum Strahlen bringen?

Wieder geht es um die richtige Positionierung des Wortes ABER und schon werden aus scheinbar negativen Rahmenbedingungen Hinweise, in welche Richtung du gehen sollst, oder sogar Kraftquellen.

Wie fühlen sich diese Aussagen für dich an? Es sind die gleichen wie zu Beginn des Kapitels mit dem ABER an der besseren Stelle.

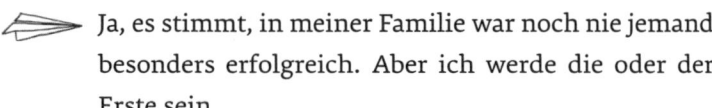 Ja, es stimmt, in meiner Familie war noch nie jemand besonders erfolgreich. Aber ich werde die oder der Erste sein.

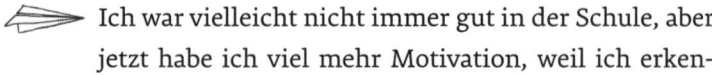 Ich war vielleicht nicht immer gut in der Schule, aber jetzt habe ich viel mehr Motivation, weil ich erken-

ne, wofür all das Lernen gut ist, und ich werde viel schaffen.

Meine Kindheit war einfach schrecklich, aber ich will sie nicht als Rucksack herumschleppen, der mich vom Aufstieg zum Erfolg abhält. Also finde ich Wege, wie ich die Narben meiner Kindheit behandeln kann.

Es fällt mir im Augenblick schwer, in meinem engeren Umfeld Vorbilder zu finden, aber ich mache es zu meinem Forschungsprojekt, mir welche zu suchen.

Leider erlebe ich manchmal Situationen, in denen ich mich benachteiligt fühle, aber ist das wirklich so und was kann ich in Zukunft tun, damit es nicht geschieht?

Der wichtigste Teil des Wortes Rahmenbedingung ist der erste Teil. Sie sind eben nur der Rahmen, das Meisterwerk bist du. Ein Rahmen bildet eine Art Grenze um ein Bild, aber wenn das Gemälde herausgenommen wird, bleibt es der wichtigere Teil und kann auch ohne Rahmen bestehen.

Lass dich von scheinbar erdrückenden Rahmenbedingungen nicht einengen. Schreibe alle »Rahmenbedingungen« auf, die dich daran hindern könnten, Erfolg zu haben. Nimm dir jede einzelne vor und überprüfe sie darauf, ob sie wirklich zutrifft.

Ist die Antwort der Überprüfung positiv, frage dich, ob du diesen scheinbaren Makel deiner Lebensgeschichte zur Seite legen und vergessen könntest.

Ist die Antwort positiv, geh zum nächsten und setze die Überprüfung fort, bis du alle Gründe für fehlenden Erfolg durchgearbeitet hast.

Meinst du, diesen Makel nicht einfach ablegen zu können, frage dich, was du tun musst, um ihn zu bewältigen. Oder ob du ihn akzeptieren kannst und dich von ihm nicht mehr bremsen lässt. Oder ob du ihn sogar in etwas umwandeln kannst, das dir Kraft gibt.

Wenn es Dinge aus deiner Vergangenheit gibt, von denen du annimmst, sie würden dich immer wieder belasten und aufhalten, dann suche bitte professionelle Hilfe in einer Gruppe oder in Therapie. Laufe nicht mit einem Mühlstein um den Hals herum.

EINE VERLIEBTE E-MAIL

Um Klarheit oder ein besseres Bild zu bekommen, wer du wirklich gerne sein möchtest, schreibe eine verliebte E-Mail. Stell dir vor, du bist die Frau oder der Mann, die oder den du immer kennenlernen wolltest. Es hat zwischen euch geklickt. Deine Traumfrau oder dein Traummann schickt eine E-Mail, WhatsApp oder andere Nachricht an eine Freundin oder einen Freund und erzählt von dir.

Was soll in einer solchen Beschreibung über dich drinstehen? Es gibt sicherlich bereits viele großartige Dinge über dich zu berichten, aber vielleicht fallen dir Eigenschaften, Eigenarten, Gewohnheiten und Charakterzüge ein, die du gerne hättest.

Wer willst du sein? Was soll jemand, der sich in dich verliebt, an dir beobachten, in deinem Leben sehen, von dir erfahren und an dir besonders schätzen?

Auf der nächsten Seite findest du eine solche E-Mail, in die du einiges einsetzen kannst.

An: ....

Betreff: Was über dich unbedingt einmal gesagt werden muss

Hallo,

du kannst dir nicht vorstellen, was für einen wunderbaren Menschen ich kennengelernt habe. Ich bin so aufgeregt, weil nicht nur die ersten Begegnungen so wunderbar waren, sondern ich immer mehr über sie/ihn herausfinde, was ich unglaublich mag.

Wenn ich sie/ihn in nur drei Worten beschreiben müsste, so würden sie so lauten: ....

Die Eigenschaft, die mich besonders begeistert, weil sie nicht viele haben, ist ....

Aussehen ist nicht alles. Ich finde, die Art, wie jemand sich gibt, hat noch mehr mit Schönheit zu tun. Sie/er strahlt bei jedem Treffen ....

Ich war so berührt, als sie/er mir gestanden hat, als Schwäche an sich selbst
.... zu sehen.
Was ich bewundere, ist, wie sie/er damit
umgeht und dass sie/er so ruhig darüber
reden kann.

Leute, die ständig reden, gibt es viel zu viele. Sie/er ist als ZuhörerIn ....
....

Kleine Gesten haben große Wirkung. Weißt
du, was sie/er für mich gemacht hat? Ich
bin so berührt davon. Sie/er hat ....
....

Sie/er kann so viel Interessantes erzählen. Zum Beispiel über ....
....

Faszinierend habe ich auch ihre/seine ge-
heimen Träume empfunden. Sie lauten ......
....

Die Einstellung zu Beruf und Arbeit stimmt
mit meiner überein ....
....

Es war sehr offenherzig, als sie/er mir geschildert hat, wo sie/er derzeit im Berufsleben steht und wo sie/er hinmöchte. Ich versuche, ihre/seine Worte wiederzugeben:

....
....

Wir wollen beide Erfolg im Leben und der Grund, wieso sie/er ihn erreichen wird, ist

....
....

So einen Menschen möchte ich gerne in meinem Leben haben. Er/Sie ist an vielen Tagen so angenehm, weil ....
....
....

Mehr demnächst.

Ich bin sicher, du kannst meine Begeisterung verstehen.

....
Unterschrift

KOLLEGIN, KOLLEGE UND IRGENDWANN EINMAL MEHR...

Ich weiß nicht, wie es dir geht. Bei mir habe ich im Laufe der Jahre ein ständiges Schwanken festgestellt zwischen »So wie ich bin, ist es nicht gut« und »Ich bin der Beste, so wie ich bin«. In der Begegnung mit anderen Menschen habe ich mich zeitweise sehr unsicher gefühlt, zeitweise bin ich vielleicht überheblich erschienen.

Natürlich hatte ich mit vielen Leuten zu tun. Manche waren Kolleginnen und Kollegen, andere Vorgesetzte. Einige habe ich sehr geschätzt, andere sind mir schwer auf die Nerven gegangen, ein paar habe ich sogar gefürchtet.

Beim Thema »Wer will ich sein?« ist eine wichtige Frage:

Wie will ich als Kollegin oder Kollege sein?

Wie lautet deine Selbstsicht von dir? Wie meinst du, als Kollegin oder Kollege zu sein? Wen kennst du, privat oder beruflich, den du dir als Kollegin oder Kollegen wünschen würdest? Solche Leute sind ausgezeichnete Vorbilder. In diesem Fall ist ein Vergleich mit ihnen gut, weil du herausfinden kannst, wo du stehst.

Mein Grundsatz ist für jede Form der Zusammenarbeit:

Respekt!

97

Du willst es angenehm haben, ich will es angenehm haben, beide haben wir eine Leistung zu erbringen. Jeder von uns hat die Verpflichtung, seinen Teil nach bestem Wissen und Gewissen zu erledigen.

Allerdings sehe ich den Menschen in dir und schätze es, wenn du auch mich als Menschen mit Gefühlen und fallweise natürlich auch Stimmungen siehst. Lass uns Launen und Missmut nicht aneinander abreagieren.

Ich schätze es, wenn du mir hilfst, und ich werde gerne dir helfen, gleichzeitig aber bedeutet das nicht, dass wir die Arbeit des anderen übernehmen. Es geht um eine kurzzeitige Unterstützung.

Diese Haltung konsequent zu verfolgen, wird zur Herausforderung, wenn die Leute in deinem Arbeitsumfeld nicht so handeln wollen und Ellbogentechnik und Austricksen bevorzugt werden.

Haltung ist und bleibt trotzdem deine Stärke. Du musst dir nicht alles gefallen lassen, aber schlage nie mit den gleichen Waffen zurück. Sonst wirst du genauso wie diese KollegInnen. Bleib dir und deinen Grundsätzen treu. Ich gehe davon aus, dass Achtung und Fairness für dich Grundlagen sind.

Es ist selbstverständlich wichtig, klare Grenzen zu setzen. Bis hierher und nicht weiter. Es braucht Mut, das auszusprechen, aber dieser Mut wird sich bezahlt machen. Ich übe meine Worte in solchen Situationen schon zu Hause und stelle mir vor, was mein Gegenüber sagen könnte, um gute Antworten bereitzuhaben.

Trotzdem nagt an mir manchmal die Unzufriedenheit, ich hätte meine Klarstellung oder Abgrenzung anders oder bestimmter ausdrücken können. Wenn es dir so geht, lass dich nicht beirren. Im Nachhinein fallen uns immer Verbesserungen ein. Trotzdem haben wir die Angelegenheit besser erledigt, als wir vielleicht denken.

Wutausbrüche sind wirklich nur der allerletzte Ausweg. Wer schreit, hat noch lange nicht recht. Nicht selten brüllen Leute, denen die Argumente ausgehen. Wenn du Druck abbauen musst, dann irgendwo, wo dich keiner hören kann. Es hilft sogar, tonlos zu schreien, um Aggression loszuwerden, und das kann man herrlich auf der Toilette tun.

Ein Spruch besagt: Nichts zu sagen, ist die Leute schlagen.

Wirst du in beruflichen Situationen provoziert, ist eine gute Reaktion keine Reaktion. Das Schweigen wird den Menschen, der dich willentlich oder nicht aus der Fassung bringen könnte, irritieren.

Eine andere Redensart lautet: Man muss nur lange genug am Ufer des Flusses sitzen und warten, bis die Leichen deiner Gegner vorbeitreiben.

Das trifft öfters zu. Allerdings habe ich beschlossen, nie eine solche Leiche sein zu wollen. Verhindern kann ich es nur durch meine Grundsätze, meine Haltung und meinen Stil.

Gehen wir einen Schritt höher, von den KollegInnen zu den Vorgesetzten. Welche Erfahrungen hast du mit Vorgesetzten gemacht? Wer war dir sympathisch, wer erscheint dir erfolgreich, unter wessen Führung meinst du am besten voranzukommen?

Wie möchtest du selbst einmal sein, wenn du in eine leitende Funktion kommst? Es ist nie zu früh, darüber nachzudenken.

Der Fisch stinkt vom Kopf

Ist ein Unternehmen fair, verantwortungsvoll und effizient geführt, so zieht es in der Mehrheit Menschen an, die das zu schätzen wissen. Die grundsätzliche Haltung wird immer von den Menschen an der Spitze bestimmt. Ist dir die Führung eines Betriebs von vornherein unsympathisch, wird dir die Arbeitsatmosphäre dort mit größter Wahrscheinlichkeit nicht gefallen.

Vor vielen Jahren habe ich auf meinen Reisen ein Beispiel dazu in einem Hotel erlebt, das mir unvergesslich ist. Mein erster Aufenthalt in diesem Hotel war ein besonderer Genuss. Alle Mitarbeiter und Mitarbeiterinnen waren von besonderer Freundlichkeit. Ich habe den Generalmanager kurz kennengelernt, der ebenfalls herzlich und gleichzeitig sehr klar und bestimmt war. Er wurde von allen sehr geschätzt, was ich so gehört habe.

Drei Jahre später war ich im selben Hotel und habe dort zum Großteil dieselben Leute angetroffen. Völlig verändert war aber die Stimmung: An der Rezeption, im Restaurant, einfach überall hat eine kühle und distanzierte Atmosphäre geherrscht. Die Unverbindlichkeit, die ich beim ersten Aufenthalt erlebt hatte, war verschwunden. Der Grund war ein Wechsel in der Direktion. Ein neuer Leiter des Hotels war angetreten, um den Betrieb wirtschaftlicher und effizienter zu machen. Die Haltung gegenüber Gästen war ihm weniger wichtig als die Zahlen in Excel-Tabellen. Da meine Zeit in diesem Hotel diesmal enttäuschend war, habe ich dort nie wieder übernachtet. Später einmal habe ich von einer Freundin aus der Reisebranche erfahren, dass die Taktik des neuen Generalmanagers genau das Gegenteil bewirkt hat. Das Hotel hat immer mehr schlechte Bewertungen bekommen und die Gäste sind ausgeblieben. Schließlich ist es verkauft worden.

Hast du die Wahl und kannst entscheiden, wo du arbeitest, wirst du in einem Unternehmen mit einer Leitung, die dir sympathisch ist, bestimmt freudigere Tage erleben. Wenn du es dir nicht aussuchen kannst, dann ist es zumindest gut zu wissen, woher so manche Missstimmung kommt. Sich darüber ständig aufzuregen ist mit einem Auto zu vergleichen, das bei Regen auf einen Feldweg gerät und sich dort mit den Reifen im weichen Boden eingräbt. Ein Weiterkommen ist mühsam oder das Auto bleibt sogar stecken.

Wenn du in eine führende Position kommst, hast du die Chance, vieles besser zu machen und so zu führen, wie du es dir vielleicht früher gewünscht hättest. Du kannst schon heute dein Selbstbild in der Zukunft aus allen guten Vorbildern zusammenbasteln, die dir begegnen.

Eine weitere wichtige Frage lautet: Wie will ich als Mitarbeiterin oder Mitarbeiter erscheinen und tätig sein?

Da ich selbst bei meinen TV-Produktionen eine leitende Funktion einnehme, kann ich dir von dieser Seite aus sagen: Ich schätze die Mitarbeiterinnen und Mitarbeiter am meisten, die mit einem Lächeln, pünktlich, verlässlich und professionell ihre Arbeit machen. Mit ihnen komme ich nicht nur am besten aus, sie haben auch die besten Aufstiegschancen.

Was du immer in der Hand hast, ist dein Auftreten und die Atmosphäre, die du rund um dich kreierst. Meine Erfahrung ist, dass diese eigene Atmosphäre zu einem Magnet werden kann und Leute anzieht, die ähnlich schwingen wie du.

Sei die Kollegin oder der Kollege, die oder den du gerne als dein Gegenüber hättest. Sei Mitarbeiterin oder Mitarbeiter, wie du sie dir in deinem eigenen Unternehmen wünscht, und werde einmal die Chefin oder der Chef, wie du sie oder ihn immer gerne gehabt hättest.

DIE VEREINBARUNG
MIT DIR SELBST

Wärst du bereit, deine Unterschrift unter diese Vereinbarung zu setzen?

Vereinbarung

Ich ....
(dein Name und Geburtsdatum) garantiere
mir selbst, die nötige Disziplin und Ausdauer aufzubringen, um den Erfolg zu erreichen, den ich mir wünsche.

Bevor ich den Fehler für mangelnden Erfolg bei anderen suche, kontrolliere ich
zuerst mein eigenes Verhalten:

Habe ich jeden Tag getan, was zur Erreichung meiner Ziele nötig ist?

Habe ich weitergearbeitet, wenn ich scheinbar zu langsam vorangekommen bin, wenn sich
Rückschläge eingestellt haben und wenn die
Arbeit herausfordernd und schwierig geworden ist?

Sind mir mein Wunsch nach Erfolg und das Ziel, das ich vor Augen habe, allen Aufwand wert, den ich investieren muss, um anzukommen, damit ich die Kraft habe, durchzuhalten?

An Tagen, an denen „es mich nicht freut" und an denen ich Lust hätte aufzugeben, werde ich mir diese Vereinbarung durchlesen und meine Unterschrift wird mich erinnern, was ich zu Beginn meines Weges und in guten Zeiten mit den besten Aussichten mir selbst garantiert habe: Disziplin und Ausdauer.

. . . .
Unterschrift

. . . .
Ort und Datum

Oft erzähle ich von der größten Bibliothek der Welt, die ich allerdings erfunden habe. Es ist die Bibliothek der ungeschriebenen Bücher, die alle den Titel tragen: »Ich habe so eine gute Idee...«

Ideen zu haben ist einer der angenehmsten und schönsten Teile des Schreibens. Mir sind Ideen zu meinen größten Erfolgen unter der Dusche gekommen oder beim Spazierengehen.

Wenn die Entstehung eines Buches eine Uhr mit 12 Stunden ist, so macht die Idee höchstens drei Minuten aus. Die restlichen 57 Minuten und 11 Stunden bestehen aus Überlegungen, Recherchen und vor allem sitzen und schreiben. Ist die erste Fassung eines Manuskriptes fertig, folgen Überarbeitungen, manchmal drei, fünf und noch mehr.

Die Disziplin des Autors besteht darin, zu sitzen und zu schreiben. Vor allem sitzenzubleiben. Mich freut das oft ganz und gar nicht. Ich würde viel lieber etwas anderes tun, herumschlendern, mit meinem Hund spielen, Videos ansehen, telefonieren, eigentlich ist dann fast alles besser als zu sitzen und zu schreiben.

Ich behaupte, dass viele ausgezeichnete Bücher nie entstehen, weil die Leute mit den genialen Ideen nicht die Disziplin aufbringen, sie niederzuschreiben. Sie bleiben bei den ersten drei Minuten des Entstehungsprozesses stehen, weil ihnen die restliche Zeit nicht den Aufwand wert ist.

Ziele, egal ob groß oder klein, ob langfristig oder kurzfristig, müssen dich innerlich begeistern (wie du selbst Tätigkeiten, die dir gehörig auf die Nerven gehen, attraktiver machen kannst, erkläre ich im Schritt 6).

Disziplin bedeutet: Klarheit über die Schritte und die Arbeiten, die für dein Vorankommen und das Erreichen deiner Zie-

le nötig sind, und eine konsequente Umsetzung, an den sogenannten guten Tagen und auch an den weniger guten Tagen.

Disziplin heißt: Die Arbeitsmenge, die du realistisch an
einem Tag leisten kannst, auch wirklich zu erledigen. Fällst
du an einem Tag zurück, läuft es nicht so gut, so schaffst
du es vielleicht am nächsten Tag, aufzuholen. Du besitzt die
Disziplin, dir anzusehen, wo du auf deinem Weg stehst, und
es ist dir nicht einfach egal.

Disziplin klingt durch Erziehung und Schule nach etwas,
das meistens mit Qual und Verzicht gleichgesetzt wird. Oft
ist vom »inneren Schweinehund« die Rede, der überwunden
werden muss.

Aber haben wir tatsächlich alle so ein Untier in uns? Meiner Meinung nach ist der Hang zum einfacheren Weg und
zum Vermeiden von Schwierigkeiten in fast allen von uns.
Ich kann allerdings nicht verstehen, wieso diese mensch-
liche Eigenschaft mit der Kreuzung zwischen Schwein und
Hund verglichen wird und auf diese Weise negativ darge-
stellt werden soll.

Wer sich quälen und einpeitschen will, dem steht das
frei. Mein Gegenvorschlag lautet:

Bringe Disziplin auf, weil du deine Ziele einfach wirklich
gerne erreichen willst. Sind es Ziele, die dir wenig bedeuten, wirst du dir mit der Disziplin schwertun. Sind dir deine
Ziele hingegen wichtig, wird dich Disziplin auch einiges an
Kraftaufwand kosten, aber sie ist es wert und sie wird dir
leichter fallen.

Disziplin bedeutet, Klarheit über deine Schritte und deinen Weg zu haben, im Großen und im Alltäglichen. Schaffe dir diese Klarheit. Mehr dazu ebenfalls im Schritt 6.

Die Definition von Ausdauer lautet: Disziplin auf lange Zeit, vor allem, wenn du meinst, aufgeben zu wollen oder zu müssen.

Es gibt einen Spruch, den ich nicht überprüfen kann, an den ich aber glaube: Viele Leute geben fünf Minuten vor ihrem Erfolg auf.

Sie haben es also fast geschafft, nachdem sie jede Menge Anstrengung und Mühsal auf sich genommen haben, aber sie erreichen einen Punkt, an dem ihnen das Weitermachen nicht sinnvoll erscheint. Obwohl es in vielen Fällen zielführend wäre.

Der Traum vom »schnellen Erfolg« ist in fast allen Fällen einfach nur ein Traum. Die Einsicht, dass Erfolg dann er-folgt, wenn du vollen Einsatz mit Begeisterung über lange Zeit leistest, wird dich weiterbringen und dir vor allem in schwierigen Zeiten Mut und Kraft geben, um weiterzumachen.

Die große Frage lautet natürlich:

Wofür und in welchem Beruf willst du deine Disziplin und Ausdauer einsetzen, um das zu erreichen, was für dich Erfolg ist?

In welcher Tätigkeit hast du das höchste Erfolgspotential?

Wenn du diese Tätigkeit einmal gefunden hast, gehe deinen Weg und lass dich nicht aus der Bahn werfen. Rechne mit Hindernissen und Rückschlägen, damit sie dich nicht überraschen und du besser darauf reagieren kannst.

Woher ich weiß, wie wichtig das ist?

Weil ich selbst genug davon erlebt habe.

WARUM ICH DIESES BUCH SCHREIBE

oder

MEIN WEG, MEINE HINDERNISSE

Ich habe und hatte in den vergangenen 35 Jahren eine Menge Erfolg und bin unendlich dankbar dafür. Ganz egal, was du glaubst, über mich zu wissen, hier ein kurzer Erfolgslebenslauf mit meinen persönlichen Kommentaren und vor allem den Hindernissen, über die ich sonst öffentlich nicht spreche.

Ich war immer schon ein Mensch, der Erfolg haben wollte. Daher kann ich mir auch vorstellen, was sich in dir so alles abspielt, was dir an Gedanken durch den Kopf geht, vor welchen Herausforderungen du stehst.

Vor 35 Jahren hat mein Weg als Schriftsteller und Erfinder und Präsentator von TV-Formaten begonnen. Eigentlich sogar schon vor 50 Jahren, als ich noch ein Kind war.

Mein großes Kapital war zu Beginn meine Leidenschaft und Begeisterung, Geschichten für ein junges Publikum zu erzählen.

Mein Kapital ist auch heute noch immer meine Leidenschaft für das Geschichtenerzählen. Mittlerweile erzähle ich in allen Medien, sogar auf Instagram und Facebook. Ich schreibe für Kinder und Erwachsene. Vom Krimi bis zu Ratgebern, wie diesem hier.

Erfolge habe ich viele gefeiert. Niederlagen und Fehlschläge habe ich ebenso erlebt. In Zahlen ausgedrückt, wird mein Werk so beschrieben:

Dieses Buch ist das 575., das ich bisher geschrieben habe. Der Großteil meiner Bücher wird vor allem von Kindern gelesen. Sie wurden in mehr als 35 Sprachen übersetzt und weltweit mehr als 40 Millionen Mal verkauft.

Meine Geschichten sind Vorlage für Kinofilme, Musicals und Theaterstücke.

Seit 2017 habe ich mehrere Romane und Ratgeber für Erwachsene geschrieben, die alle auf den Bestsellerlisten gelandet sind. Einige sogar auf Platz 1.

Im Laufe meines Lebens habe ich rund 2.500 TV-Sendungen präsentiert und ein Drittel davon selbst geschrieben. Meine TV-Formate werden auch in Thailand und anderen Ländern gesehen.

Meinem Erfolg und meiner Popularität von heute steht eine lange Liste von Hindernissen gegenüber, die zu Beginn und auf meinem Weg aufgetaucht sind. Auch heute bleibe ich davon nicht verschont. Diese Liste ist für mich (und für jeden anderen) eine Geschichte, die erst mit dem letzten Atemzug endet.

Einige Beispiele:

- Ich war ein guter Schüler, in Deutsch aber schwach.

- Mein Deutschlehrer war der Meinung, dass ich mit dem Schreiben ziemliche Probleme hätte und keinen Beruf ergreifen sollte, bei dem Ausdruck und Wort wichtig sind.

- Meine frühe Begeisterung für Geschichten und TV für Kinder hat mir viel mitleidiges Lächeln und Spott eingetragen.

- Meine Karriere hat als Puppenspieler begonnen, was wohl für viele das Uncoolste und Lächerlichste war, das ich machen konnte.

- Meine ersten Chefs haben mir durch ihre sehr anstrengenden Persönlichkeiten und Charakterzüge das Leben zur Hölle gemacht und mich an den Rand des Aufgebens gebracht.

- Als mein erstes Buch erschien, wurde es von Kritikern und Fachgremien, die damals viel Einfluss auf die Verkäufe hatten, in der Luft zerfetzt.

● Mir kam zu Ohren, dass mich sogar Leute im Verlag, in dem meine Bücher erschienen sind, als Eintagsfliege bezeichnet haben.

● Mein Selbstzweifel ist damals und auch später immer wieder so groß geworden, dass ich mich mehrmals am Tag neben dem Schreibtisch auf den Boden legen musste, weil ich mich so erschöpft gefühlt habe.

● Mindestens fünfmal hatte ich schon das Gefühl, dass mich der Erfolg verlassen hat und meine Karriere am Ende ist.

● Aus Erschöpfung bin ich einmal in eine Schreibblockade geraten, die meinen Kopf wie ein ausgeblasenes Ei erscheinen und mich verzweifeln hat lassen.

● Nach sensationellen Erfolgen sind andere Projekte, die sehr vielversprechend gewirkt haben und in denen all meine Hoffnung steckte, zu Enttäuschungen geworden.

● In einem Interview hat eine andere Schriftstellerin meine Bücher als »Dreck zwischen zwei Stück Pappendeckel« bezeichnet.

● Langjährige berufliche Partnerschaften sind schwer erschüttert worden und zerbrochen.

● Ich wurde vor einigen Jahren als altmodisch und »out-
dated« abgeschrieben.

● Als ich 2017 beschlossen habe, eine erwachsene Fortset-
zung der Kinderkrimi-Serie KNICKERBOCKER-BANDE
zu schreiben, hat niemand dem Buch eine Erfolgschance gegeben, weil es etwas völlig Neues war.

Und so weiter und so weiter und so weiter.

Es gab und gibt Hindernisse, die mich getroffen und eine
Weile aus der Bahn geworfen haben. Mein Weg war alles
andere als einfach und sehr arbeitsreich, doch bereue ich
keine Minute, die ich investiert habe. Ich habe Dinge getan,
die schiefgelaufen sind, und Entscheidungen getroffen, die
ein hohes Risiko hatten, aber zum Erfolg geführt haben. Ich
habe beschlossen, niemals in den Ruhestand zu treten, sondern solange ich nur irgendwie kann weiterzuarbeiten.

Ich liebe, was ich tue!

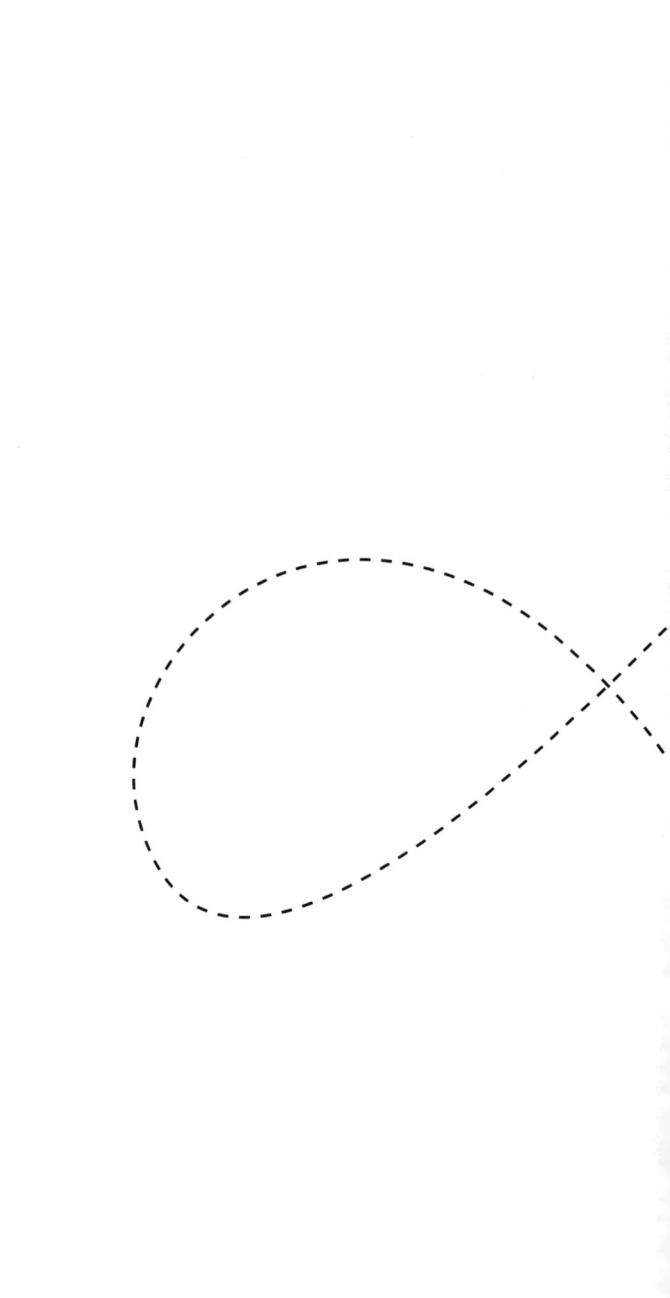

SCHRITT 4

FINDE DEIN HÖCHSTES ERFOLGSPOTENTIAL

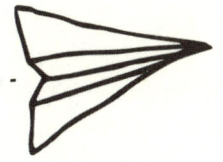

BEI DER BERUFSWAHL LOHNT
SICH JEDE QUAL

Irrwege. Fehlentscheidungen. Innere Leere und Verzweiflung. Das sind einige Stichworte, die meinen Weg zum richtigen Beruf beschreiben. Dabei ist das, was ich heute tue, eine Tätigkeit, die ich mit größter Freude seit meinem siebenten Lebensjahr ausgeübt habe. Allerdings wäre es mir nicht in meinen kühnsten Träumen eingefallen, aus meiner Leidenschaft für das Erfinden von Geschichten einen Beruf zu machen.

Die Suche nach dem Beruf, der dich erfüllt, kann sich wie der Flug eines Adlers gestalten, der immer wieder auf seine Beute herabstößt. Manchmal bekommt er etwas zwischen die Krallen, manchmal auch nicht. Eine solche Jagd kann frustrierend werden und manche menschlichen Adler geben sich dann mit Futter zufrieden, das sie gar nicht haben wollten, aber die weitere Suche ist ihnen zu mühsam oder der existenzielle Hunger ist zu groß. Während der Adler nach einer Weile zu einer neuen Jagd aufbricht und diesmal bessere Beute machen will, bleiben diese Menschen sitzen, nicht selten sogar mit der Überzeugung, nichts Besseres zu verdienen oder erreichen zu können.

Wie schon erwähnt ist einer der Hauptgründe, wieso ich dieses Buch schreibe, meine Beobachtung und meine Überzeugung, dass in vielen Menschen eine Menge Potential für Erfolg steckt. Viele verfügen über mehr Möglichkeiten, als sie sich selbst vorstellen können, und es ist für sie wesentlich größerer Erfolg machbar, als sie im Augenblick meinen.

Du verbringst in deinem Leben rund 10.000 Tage mit deiner beruflichen Tätigkeit. Wenn du im Vergleich dazu siehst, dass dein erwachsenes Leben nach der Schule bis zu deinem Tod im Durchschnitt ungefähr 20.000 Tage lang ist, so ist doch klar, wieso es sich lohnt, eine Tätigkeit zu finden, die dich erfüllt und die du die meiste Zeit gerne ausführst.

Die Wahl ist oft eine Qual. Jede Geburt ist mit großen Schmerzen verbunden, endet jedoch mit dem ersten Schrei eines neuen Erdenbürgers. Die Geburtsschmerzen sind es wert.

In den folgenden Kapiteln findest du Ideen und Vorschläge, wie du eine Tätigkeit finden kannst, in der du erfolgreich wirst. Falls du so eine Tätigkeit schon hast und dieses Buch liest, weil du nach Tipps suchst, um mehr zu erreichen, kann das Kapitel trotzdem Nützliches für dich enthalten. Außerdem werde ich ein paar seltsame Begebenheiten aus meiner Karriere erzählen, von meinen Irrungen und Wirrungen, wie es so schön heißt, aber auch von Erkenntnissen, die mich weit gebracht haben.

VON VORSICHT UND
ANDEREN FEHLENTSCHEIDUNGEN

Auf meine Frage, was für sie die größten Stolpersteine zum Erfolg sind, haben mir viele Leute auf Instagram geschrieben:

Die Angst, den
falschen Beruf zu wählen

Das Thema richtig oder falsch und die Wahl deiner Tätigkeit sind mit einer Entscheidung nach der Schule heute noch lange nicht beendet. Während du früher eine Ausbildung machen und dann bis zu deinem Ruhestand im selben Unternehmen tätig sein konntest, musst du heute damit rechnen, in deinem Leben einmal oder sogar öfter deinen Tätigkeitsbereich, deinen Arbeitgeber und vielleicht sogar deinen Wohnort zu wechseln.

Wenn du nicht schon mit 12 Jahren deinen Traumberuf kennst und deine Karriere vorgeplant hast, ist das kein Versagen. Ich würde es eher als völlig normal einstufen.

Wenn du mit diesem Alter aber bereits auf die Frage nach deinem späteren Beruf die Antwort gibst: »Ich werde Vorstandsvorsitzende/-r«, ist das auch völlig in Ordnung. Falls du vielleicht zu den schlechten SchülerInnen zählst und du mit dieser Vorstellung ein mildes Lächeln erntest, lass dich davon nicht beirren. Ich kenne jemanden, dessen sehr erfolgreiches Berufsleben genauso angefangen hat.

Dieser Mann hatte immer die Vorstellung, eine hohe, führende Tätigkeit einzunehmen. Der Wunsch dahinter war, Dinge zu entscheiden und dadurch gestalten zu können. Dieser Mann war einer der Menschen, die in der Schule schwache Leistungen erbringen, in der höheren Schule oder an der Uni aber richtig gut sind, weil sie mehr Sinn im Lernen sehen. Er ist Vorstandsvorsitzender und Teilhaber eines großen Unternehmens geworden und hat die Tätigkeit mit Leidenschaft ausgeübt.

Ich war hingegen einer von denen, die nicht wussten, was sie tun sollten. In der Schule habe ich zu den Besten gehört, nach dem Abschluss bin ich aber reichlich verloren dagestanden. Wie schon erwähnt, wäre es mir in meinen kühnsten Träumen nie in den Sinn gekommen, den Beruf des Schriftstellers zu ergreifen.

Meine Eltern haben mich damals als 18-Jährigen nach England auf eine Sprachschule geschickt in der Hoffnung, dass mir dort die zündende Idee für meinen Beruf kommt. Ich habe zweimal verlängert (Dank an meine Eltern, dass sie mir das ermöglicht haben, denn es hat sicher einiges gekostet) und insgesamt 12 Wochen an der Südost-Küste in einem kleinen Ort namens Broadstairs verbracht.

In Broadstairs befindet sich das Sommerhaus des Autors Charles Dickens, der Romane wie OLIVER TWIST oder DAVID COPPERFIELD geschrieben hat. Außerdem steht dort ein echter Leuchtturm an der Küste, zu dem ich fast jeden Tag gewandert bin.

Bei meiner Rückkehr hatte ich das Diplom in der Tasche, an einer englischen Universität studieren zu dürfen, aber noch immer wenig Ahnung, welche Fächer ich überhaupt belegen sollte. Dass ich studiere, war für meine Eltern eine Selbstverständlichkeit, die ich nicht infrage gestellt habe.

Meine Entscheidung damals fiel auf...

Nein, bevor ich diese totale Fehlentscheidung beschreibe und wie es dazu gekommen ist, möchte ich meine Erfahrungen mit Berufstests beschreiben.

EIGENTLICH SOLLTE ICH
SCHÄDLINGSBEKÄMPFER SEIN

Bei den Recherchen zu diesem Buch habe ich zahlreiche Berufstests im Internet gemacht. Einige bestanden aus 12 Fragen, andere aus 100 Fragen. Ich habe die Fragen mit größter Ernsthaftigkeit und Ehrlichkeit beantwortet, so, wie ich sie damals als Jugendlicher beantwortet hätte. Das Ergebnis war niederschmetternd. Ein einziger Test hat erkannt, dass ich künstlerisch interessiert bin, und mir die folgenden Berufe vorgeschlagen:

Kunsthändler, Galerist, Bildhauer, Theaterwissenschaftler oder Literaturwissenschaftler

Die Ergebnisse der anderen Tests waren:

- Polsterer
- Uhrmacher
- Kosmetiker
- Schädlingsbekämpfer

- Kriminalbeamter
- Bürgermeister
- aber auch Verkäufer in einem Elektromarkt

Ich möchte Eignungstests nicht schlecht machen und bestimmt gibt es bessere, als ich gefunden habe. Trotzdem war ich von den Ergebnissen zuerst sehr amüsiert, danach aber geschockt, weil Menschen vielleicht aufgrund solcher Resultate lebensverändernde Entscheidungen treffen. Möglicherweise können mithilfe solcher Tests Neigungen festgestellt werden, aber welche Interessen sollten das sein, die nicht ohnehin ersichtlich sind? Können Tests heimliche Wünsche und Talente an die Oberfläche bringen? Meine Erfahrung ist, dass sich diese Talente bereits bei kleinen Kindern zeigen, da diese unverbildet und wesentlich offener sind und ohne Vorbehalte ihren Leidenschaften nachgehen. Im Laufe des Erwachsenwerdens geht diese Freiheit weitgehend verloren. Das Denken bestimmt unser Leben und es wird immer schwieriger zu erfühlen, was die wahren Interessen sind.

Auch dafür war ich ein Paradebeispiel.

UMWEGE SIND
NÜTZLICH, CHANCEN KOMMEN
OFT UNERWARTET

In meinem letzten Schuljahr dachte ich lange über meinen Traumberuf nach. Schließlich hatte ich ihn gefunden. Damals lief im Fernsehen eine Serie mit dem Titel DER DOKTOR UND DAS LIEBE VIEH. Es war die Lebensgeschichte des englischen Tierarztes James Harriot, der in einem klapprigen Wagen durch die Hügel und Täler von Yorkshire gefahren ist. Ich war berührt und begeistert und habe an der veterinärmedizinischen Universität inskribiert. In meinen Berufsträumen sah ich mich schon in meiner eigenen Praxis stehen, wo ich Frauchen und Herrchen von Hund, Katz, Meerschweinchen und Schildkröte wichtige Ratschläge gebe, die ihre Lieblinge und sie selbst glücklich machen.

Meine Begeisterung bekam einen Dämpfer, als ich im ersten Semester Physik- und Chemie-Vorlesungen und -Praktika besuchen musste. Beide Fächer hatte ich schon im Gymnasium nicht ausstehen können. In Biologie lagen eines Tages auf unseren Plätzen im Praktikumssaal tote Regenwürmer in Schalen. Wir sollten sie zerlegen und ihr Inneres betrachten. Ein paar Tage später habe ich mich in den Seziersaal verirrt. Dort riecht es nicht nur streng oder genauer gesagt ekelerregend, es liegen auf Tischen tote Hunde und Katzen, viele von ihnen sogar halbiert, damit sie von den Studierenden in mühevoller Arbeit in die kleinsten Teile zerschnitten werden können und ihre Anatomie studiert werden kann.

Dr. Harriot in Yorkshire musste das sicherlich auch bei seinem Studium gemacht haben, nur ist in der Serie nie etwas davon gezeigt worden. Ich habe meinen Eltern mitgeteilt, dass ich doch nicht Veterinärmedizin studieren will, und das Studium abgebrochen.

Wenn ich hier so fröhlich erzähle, war mir damals ganz und gar nicht zum Lachen. Ich habe mich wie im luftleeren Raum gefühlt, wie ein Astronaut, der schwebt und keinen Halt findet. Mir ist wirklich nichts eingefallen, was ich studieren könnte, schon gar nicht, was später mein Beruf sein sollte.

Wenn ich heute zurückdenke, dann erkenne ich, welche paradoxe Situation das war. In Wirklichkeit war ich damals nämlich schon berufstätig, habe es aber nie so empfunden. Mir ist niemals die Idee gekommen, diese Tätigkeit professionell zu betreiben.

Mit 19 Jahren hatte ich bereits einen landesweiten Talentwettbewerb mit fünf Drehbüchern für eine Kinder-TV-Serie gewonnen. Eine österreichische Literatin in der Jury hat mir Talent bescheinigt.

Neben der Schule habe ich beim Fernsehen als Puppenspieler an vielen Produktionen teilgenommen. Ich habe es im Semester deshalb auf 150 und mehr Fehlstunden gebracht, die meine Eltern aber entschuldigt haben. Da ich ein guter Schüler war, konnten die LehrerInnen nichts einwenden.

Die Welt des Fernsehens hat mich fasziniert. Ich habe mich in Studios und auf Regieplätzen nie fremd gefühlt und konnte viele Medienberufe kennenlernen.

Während ich nach einer Studienrichtung gesucht habe, die mich begeistern könnte, habe ich von einem weiteren Wettbewerb erfahren und dafür ein kleines Theaterstück für Kinder geschrieben. Fast zeitgleich mit meiner Entscheidung, was ich nun endgültig inskribieren werde, kam die Nachricht, dass ich den ersten Preis gewonnen hatte.

Meine Wahl ist auf Theaterwissenschaften und Publizistik gefallen. Ich habe Vorlesungen und Praktika besucht und mich tödlich gelangweilt, weil ich praktisch arbeiten wollte. Im Fach »Kindertheater« haben alle diskutiert, wie wichtig es sei, Kinder über die Probleme dieser Welt aufzuklären und sie möglichst früh mit allen Sorgen, Nöten, Ängsten und Problemen der Erwachsenen vertraut zu machen. Als ich eines Tages wagte anzumerken, wie konstruiert und langweilig mir die meisten Stücke vorkamen, die wir analysierten, wurde ich mit Verachtung gestraft.

Ich schlug stattdessen vor, zu überlegen, wie wir Kinder für die Welt und das Leben begeistern und bestärken können. Doch dafür wurde ich nur milde belächelt. Heute lauten die Grundsätze meiner Arbeit, Kinder immer zu begeistern, zu bestärken und auf ihrem Weg zu begleiten, sie aber nie zu belehren.

Diese Einstellung hat mir mehr als 40 Millionen LeserInnen weltweit gebracht und begeisterte ZuseherInnen meiner

Fernsehformate in vielen Ländern. Heute bedanken sich Menschen bei mir, weil ich ihre Kindheit mit meinen Geschichten erfüllt und für viele schöne Erinnerungen gesorgt habe. Das ist die höchste Auszeichnung, die ich bekommen kann.

Zurück zu meiner nicht sehr erfolgreichen Zeit von Theaterwissenschaften und Publizistik. Der Wendepunkt kam, als mich der Leiter des Kinderprogrammes bei einer TV-Produktion angesprochen hat, bei der ich als Puppenspieler tätig war. Er hatte von meinen Preisen erfahren und von meiner Studienwahl, die ihn ein Kopfschütteln kostete. Damit ich praktische Erfahrung sammeln konnte, sollte ich als Regieassistent in seiner Abteilung arbeiten, und außerdem hat er mir vorgeschlagen, Manuskripte für Gutenachtgeschichten zu schreiben.

Ein ähnliches Angebot habe ich vom Kinderfunk einer Radiostation bekommen. Damals wurden noch Hörspiele und Gutenachtgeschichten produziert. Allerdings wurden die Kinderabteilungen weder beim Fernsehen noch im Radio hoch geschätzt. Sie wurden immer nur als die kleinen Geschwister des »richtigen« Fernsehens und des »echten« Radios gesehen.

Mir war das egal. Ich habe alle Herausforderungen angenommen und geschrieben und weggeworfen. Bis ich die ersten Werke abgeben konnte, hat es gedauert. Meine Ernsthaftigkeit und mein Einsatz haben sich aber gelohnt.

Ich war erst 21 Jahre alt, als meine ersten Werke für Hörfunk und Fernsehen produziert wurden. Da ich mich als Regieassistent sehr gut angestellt habe, bekam ich in diesem Alter die ersten eigenen Regietätigkeiten.

Aus heutiger Sicht und im Vergleich mit all dem, was ich nun mache, waren das kleine Fische. Für mich aber waren es damals große Erfolge. Ich habe mich als erfolgreich empfunden und daraus viel Kraft schöpfen können.

Mein Studium habe ich schließlich aufgegeben. Unendlich dankbar bin ich meinen Eltern, die meine Freude gesehen und mir alle Vorwürfe erspart haben. Sie haben zugesagt, mich immer auf meinem Weg zu unterstützen.

Natürlich habe ich hier alles in sehr knapper Form beschrieben. Die Begleiterscheinungen dieses Weges, der vielleicht als Wunschkarriere erscheinen mag:

● Jede Menge Angst, Nervosität und Aufregung

● Schlaflose Nächte

● Sehr viel Arbeit, auch an Wochenenden

● Anfeindungen durch KollegInnen, die sich benachteiligt gefühlt haben

● Beschuldigungen und Verleumdungen

● Zu große Wünsche meinerseits und als Folge Enttäuschungen

● Geschichten, die nicht angenommen wurden, und daraus resultierende Selbstzweifel

Diese Liste könnte ich fortsetzen. Wer mich um diesen Weg beneidet, soll wissen, was ich dafür alles auf mich genommen habe.

Aber jetzt zu dir und deinem Beruf. Hast du bereits etwas gefunden, das dich begeistert? Oder stehst du vor der Wahl? Hast du an deiner derzeitigen Tätigkeit Zweifel, möchtest du eine andere Richtung einschlagen? Wie auch immer, hier kommen Vorschläge und Testmöglichkeiten, mit denen du eine Tätigkeit finden kannst, die zu dir passt.

KINDHEIT UND DEIN TOD SIND GUTE HELFER BEI DEINER BERUFSWAHL

Das mit der Kindheit ist sicherlich einfacher zu verstehen. Kinder sind sehr, sehr verschieden und bereits bei Babys sind eindeutige Charakterzüge zu erkennen.

Es gibt Kinder, die alles zerlegen wollen. Andere wiederum verbringen die meiste Zeit am liebsten in der Küche. Kinder können kreatives Talent zeigen oder sich für Technik und Bauen begeistern. Manche Kinder sind fürsorglich, andere eher zurückgezogene Einzelgänger.

Fotos von dir als kleines Kind im Alter zwischen 3 und 8 Jahren können einiges darüber aussagen, wie sich das Leben für dich am besten anfühlt. Du kannst von diesen Fotos, vor allem, wenn es sich um Schnappschüsse handelt, die dich bei Lieblingstätigkeiten von damals zeigen, einiges über dich, deine innersten Wünsche und Bedürfnisse und deine Stärken erfahren.

Im Laufe der Jahre werden diese wahren Neigungen, Interessen und Talente manchmal von Schule und Erziehung verdeckt. Weder die Schule noch deine Eltern sind in diesem Fall »schuld«. Selbst wenn alle ihr Bestes tun, so folgen sie doch gewissen Normen und gesellschaftlichen Erwartungen. Kinder können dabei aber den Eindruck gewinnen, nicht gut genug zu sein, so wie sie eben sind. Sie passen sich den Wünschen der Erwachsenen an, wollen ihre Liebe und ihr Lob und verbiegen sich dabei.

Diese inneren Haltungsschäden können bei der Suche nach einer Tätigkeit, die dich erfüllt und befriedigt, hinderlich sein. In dein Hirn hat sich heimlich eingeprägt, dass du eine bestimmte Denkweise, Haltung und Interessen haben solltest, weil du dann in den Augen anderer »richtig« bist oder »gut«.

Es gibt aus meiner Kindheit jede Menge Fotos, wie ich mit Papiertheatern spiele. Meine Augen leuchten, wenn ich meine selbst erfundenen Stücke aufführe. Ich habe gerne gezaubert, wollte zu Weihnachten eine Bauchrednerpuppe und Fantasie war meine Stärke.

Obwohl meine Eltern sehr kunstsinnige und weltoffene Menschen waren, hatte sich bei mir festgesetzt, dass eine kreative Tätigkeit kein richtiger Beruf sei. Mein Vater, der sich sein Medizinstudium hart erarbeiten musste, wollte seinen Söhnen unbedingt ein Studium finanzieren. Das habe ich schon gehört, als ich sehr jung war, und sein Wunsch hat sich bei mir als eine Norm für mein Leben eingeprägt. Ich musste studieren und es war der einzige Weg in ein berufliches Leben.

Es ist kein Gesetz, dass es bei jedem Kind genauso ablaufen muss. Aber es ist eine Möglichkeit und vielleicht kann dir das Erforschen deiner Kindheit hilfreich sein.

Gespräche mit Menschen, die dich wirklich lieben, sind ebenfalls aufschlussreich. Ganz egal, ob Eltern oder Verwandte oder auch Nachbarn und Freunde der Familie, wenn du sie danach fragst, wie du so als Kind warst, wirst du vielleicht erstaunliche Dinge hören.

Keine Sorge. Kaum jemand wird sofort damit beginnen, was du doch für ein unmögliches und widerliches Stück gewesen bist. Du wirst Anekdoten und witzige Begebenheiten aus deinen frühen Kindertagen erfahren. Manches wird dir unendlich peinlich sein, aber bei einigen Erzählungen kann es auf einmal Klick machen und du spürst, dass da etwas ist, das dich tief drinnen erfreut und/oder begeistert.

Daher: Erforsche deine frühe Kindheit und untersuche sie danach, was dir wirklich Freude macht. Ohne Wenn und Aber und ohne »Ich soll...«, »Es wäre besser...«, »Man erwartet von mir...«. Als spielendes Kind hast du dich darum nicht gekümmert und daher warst du auch direkter mit dem Menschen verbunden, der du tief drinnen bist.

Nun aber zu deinem Todesfall. Ich wünsche dir aus ganzem Herzen ein richtig langes Leben. Aber eines Tages treten wir alle von der Bühne dieser Welt ab. Anders ausgedrückt: Das Abenteuer geht zu Ende und wir verschwinden im Nebel der Ewigkeit. Für Techniker: Das wunderbare Gerät, das du so viele Jahre warst, ist leider nicht mehr betriebsfähig und die Einzelteile werden dorthin zurückgegeben, wo sie hergekommen sind, in die Erde und in das Universum. Sportlich gesagt: Du hast die endgültige Ziellinie erreicht und lässt alle Anstrengungen hinter dir.

Egal ob du begraben wirst, eingeäschert oder vielleicht ein Begräbnis auf hoher See bekommst, es wird doch sicher ein paar Worte als Nachruf über dich geben. Ich meine damit nicht den Text in Todesanzeigen, der dich als »Unsere liebe Urgroßmutter, Großmutter, Mutter, Gattin, Schwester und Tante« beschreibt, sondern eine echte Rede.

Kein denkender Mensch wird sich wünschen, dass der Nachruf so klingt:

»Er/Sie war zutiefst gelangweilt vom Leben und hat die Tage am liebsten vor dem Computer verbracht, wo er/sie lustlos ein paar Stunden Homeoffice heruntergebogen hat. Das einzige Hobby war Netflix, in späteren Jahren auch nur noch über den PC-Monitor, um sich weniger bewegen zu müssen. Die Familie hat genervt und die liebste Beschäftigung war es, zu überlegen, wie er/sie zurücknerven konnte. Wir trauern um unsere/-n (bitte einsetzen) und sind froh, dass wir in wenigen Minuten ins nächste Gasthaus gehen können, um dort sein/ihr Andenken mit ein paar Bier runterzuspülen.«

In Comedy-Serien wäre eine solche Rede ein großer Lacher, in der Realität wird sie hoffentlich nicht vorkommen. Wenn nicht anders möglich, wird über Verstorbene zur Not auch gelogen.

Nun aber zu deiner möglichen Grabrede, die du dir egal in welchem Alter zum Zweck einer guten Berufswahl überlegen solltest. Als kleine Unterstützung habe ich eine Rede vorbereitet, in die du selbst Teile eintragen kannst. Sie ist aber nur Anregung, wenn du etwas völlig anderes über dich hören willst, dann schreibe einfach drauflos (naja, wenn es soweit ist, wirst du nichts mehr hören, aber du weißt, was ich meine). Am besten übrigens mit der Hand, wenn du deine Handschrift lesen kannst. Gedanken fließen besser, wenn man mit der Hand schreibt. Das ist meine Erfahrung und wird von Forschern bestätigt, aber ich bin auch noch Generation »Handschrift ist etwas Besonderes und schön«.

Liebe Trauergäste,

wir haben uns versammelt, um uns heute von ....(Name) zu verabschieden. Im Gespräch mit den Hinterbliebenen, in deren Leben sie/er viele wunderbare Spuren hinterlassen hat, sind über sie/ ihn sehr oft diese Beschreibungen genannt worden. ....
(Name) in drei Worten beschrieben:

1)..

2)..

3)..

Menschen, die sie/ihn seit Kindheitstagen kennen, erinnern sich besonders daran, wie sie/er..
Aus der Schulzeit ist die Begeisterung für ....
zu nennen.

Die größten Leidenschaften waren immer ....

Was diesen großartigen und wertvollen Menschen ausgezeichnet hat und für uns so unvergesslich macht, ist ....

Ihr/sein Wesen war .... *und das war gut so, weil es im Beruf, aber auch im Familienleben dazu geführt hat, dass*

....

Wieso sie/er den Beruf so geliebt hat, beschreiben ihre/seine Kolleginnen und Kollegen mit diesen Worten: ....

Beim Arbeiten hat sie/er sich am wohlsten gefühlt, wenn das Arbeitsklima gekennzeichnet war durch ....

Nichts und niemand konnte sie/ihn stoppen. Tauchten Hindernisse im Leben auf, wusste sie/er, an wen sie/er sich wenden konnte. Die wichtigen Personen waren ....

Egal ob PartnerIn oder KonkurrentIn, an ihrer/seiner Person schätzten alle ....

Das höchste Ziel im Leben war für sie/ihn ....

....

Unvergessen! In großer Dankbarkeit! Ein Vorbild für viele.

Bitte nach Belieben ausfüllen. Vielleicht bekommst du daraus nützliche Einblicke in dich selbst. Du darfst beim Schreiben der Rede ins Volle greifen, kein Klischee ist verboten, Vergleiche, die kitschig empfunden werden, sind nicht nur erlaubt, sondern erwünscht. Das Ziel ist es, ein Gefühl dafür zu bekommen, wie sich dein Berufsleben anfühlen soll.

Meine Gedanken und Erfahrungen zum Thema »Mehr Freude ins Leben« habe ich schon in früheren Büchern geschildert (du findest sie am Ende dieses Buches). Diesmal geht es vor allem um dein Gefühl im Beruf.

Schließe die Augen. Versuche dir vorzustellen, wie dein Berufsalltag aussehen könnte und wann du dich zufrieden, erfüllt und richtig gut fühlen würdest.

Falls du vielleicht mehrere Berufe in der engeren Wahl hast, dich aber nicht entscheiden kannst, oder wenn dir wirklich so überhaupt nichts einfallen will, das dich begeistert, mache den folgenden Test.

STOPP! Noch nicht weiterblättern. Zuerst nimm dein Handy, wähle den Countdown-Zähler und stelle 13 Sekunden ein. Setz dich und lege das Handy vor dich hin. Wenn du das alles getan hast, lies weiter.

NUR 13 SEKUNDEN

Stell dir vor, du sitzt auf einem Stuhl, unter dir eine Falltür und ein Becken hungriger Krokodile. Du bist festgeschnallt mit Metallfesseln, die einen sehr speziellen Mechanismus besitzen. Sie sind mit einem Lügendetektor verbunden. Nur wenn du die Wahrheit sagst, öffnen sich deine Fesseln und du kannst entkommen. Lügst du, bleibst du sitzen.

Nach 13 Sekunden fällst du in das Krokodilbecken.

Stell dir das genau vor. Ich weiß, es klingt ein wenig nach James Bond oder Indiana Jones und mehr nach Film oder TV-Serie als nach Berufsfindung. Du wirst aber in Kürze verstehen, dass die Sache einen sehr pragmatischen und nützlichen Hintergrund hat.

Starte den Countdown und blättere gleichzeitig um.

Los!

Welche berufliche Tätigkeit begeistert dich am meisten?

Was hast du in den 13 Sekunden geantwortet? Es muss ehrlich sein, weil der Lügendetektor sonst erkennt, dass du nur irgendetwas gesagt hast, und du Krokodilfutter wirst.

Deine ehrliche Antwort kann richtungsweisend sein.

Freunde von mir setzen immer den Auftragskiller mit Herz ein, wenn es um Entscheidungen geht. Dieser Killer hat dir eine Pistole an die Schläfe gesetzt und zählt von 10 runter bis 0. Er hat aber ein weiches Herz und wenn du die richtige Entscheidung triffst, lässt er dich laufen.

Überlegen und das Wälzen von Argumenten ist gut und wichtig, manchmal aber denken wir einfach zu viel. In diesen Fällen müssen wir uns selbst austricksen. Spiele wie der Stuhl über dem Krokodilbecken oder der Auftragskiller mit Herz klingen lustig, sind aber effizient und wirklich zu empfehlen.

INTERVIEW DICH SELBST

Du kannst dich auf viele Arten an eine Tätigkeit anpirschen, die du wirklich gerne machen willst.

Versuch es einmal mit diesen Fragen:

1) Für welche Tätigkeit stehst du jeden Tag gerne auf?

Einen Beruf hast du viele Jahre lang. Kriechst du jeden Tag mit Qualen aus dem Bett, dann stimmt deine Wahl eindeutig nicht. Aber welche Tätigkeiten gibt es grundsätzlich, die dich aus dem Bett springen lassen?

Welche Tätigkeiten sind es derzeit, egal ob im Alltag, als Hobby oder an freien Tagen? Wann bist du zu Schulzeiten gerne aufgestanden?

Wenn du dir mögliche Berufe vorstellst, unterziehe sie diesem Test. Wenn du an deine tägliche Tätigkeit denkst, wirst du gerne aufstehen. 80 % der Zeit zumindest. Immer ist selten möglich und auch nicht nötig, weil jede/-r einmal bessere oder schlechte Tage hat und selbst Traumberufe kleine oder größere Albträume im Alltag bringen.

2) Welche Tätigkeiten, bei denen etwas entsteht oder in denen du das Leben von Menschen auf irgendeine Art verbesserst, würdest du auch ohne Bezahlung machen?

Was fasziniert dich? Was tust du auf jeden Fall, selbst wenn es dafür kein Geld gibt?

Welche Bereiche sind das? Gibt es vielleicht in diesen Feldern Berufe, die bezahlt werden?

3) Suche dir Menschen in deiner Umgebung, die in einem Beruf glücklich sind. Kannst du ihre Begeisterung begreifen? Frag sie nach allen Höhen und Tiefen. Verstehst du die Höhen, könntest du mit den Tiefen leben?

Das Vorbild von Menschen, die eine Tätigkeit gefunden haben, die sie erfüllt, kann zum Leitbild werden. Je mehr Einblick du in den Beruf hast, desto weniger Enttäuschungen wirst du erleben, weil du auch mit den Tiefpunkten und Schwierigkeiten vertraut bist.

Es ist hochinteressant zu erfahren, wie Leute ihre Berufswahl getroffen haben, was sie bewegt hat, welche Gründe für sie ausschlaggebend waren, was sie empfehlen würden und wovor sie dich warnen. Auf ihren Erfahrungen aufzubauen, ist ähnlich, wie ein Haus auf ein schon fertiges Fundament zu bauen. Das Fundament soll solide sein, die Erfahrungen der anderen Person also im Schnitt gut. Das Haus baust du dann selbst, für die Gestaltung und Ausgestaltung bist du verantwortlich.

4) Auf welchen Internetseiten surfst du besonders gerne herum? Welche Artikel liest du auf Wikipedia? Was begeistert dich? Wenn es keine Tätigkeit ist, für die es be-

reits einen Beruf gibt, dann frage dich: Welches Gefühl vermittelt mir diese Tätigkeit? Welchen Reiz übt sie auf mich aus? Welche Berufe haben davon einiges, welcher Beruf hätte das meiste davon?

5) Was kannst du Menschen bieten, das ihr Leben auf irgendeine Art und Weise erleichtert oder verbessert? Wenn du den Willen zum Erfolg hast, dann ist auch noch Frage 6 wichtig.

6) Welche Fähigkeiten hast du, die dich über andere im positivsten Sinne herausragen lassen? Auf welchen Gebieten kannst du etwas bieten, wo du meinst, eine bessere Leistung zu erbringen, als es andere tun?

ALLES OHNE NETZ?

Bei Trapez- und Hochseilartisten war es einige Zeit Mode, ohne Netz zu arbeiten. Sie haben Kopf und Kragen riskiert, wenn sie viele Meter über dem harten Boden geschwungen oder balanciert sind. Einige haben behauptet, dass sich dadurch ihre Konzentration wesentlich erhöht hat. Es war für sie kein Nervenkitzel, sondern eine Möglichkeit, die Energie viel stärker und schärfer zu bündeln. Natürlich bestand immer die Gefahr, dass ein Artist abstürzen und sich schwer oder sogar tödlich verletzen konnte.

Manche Berufe, die als Traumberufe erscheinen, können zum Lotteriespiel werden, das einen Gewinn durchaus möglich macht. Ob er in der gewünschten Höhe ausfällt, ist allerdings die große Frage. Vor allem gilt es zu überlegen, was geschehen soll, wenn die Berufswahl sich nicht als Treffer herausstellt und wie eine Niete im Lotto gar nichts bringt.

Ist es besser, solche Tätigkeiten und Berufe grundsätzlich zu meiden? Oder gilt das Motto »No risk, no fun«? Ist die Erfolgschance ohne Netz höher?

»Meine Schülerinnen und Schüler sind an nichts wirklich interessiert«, hat mir eine engagierte Lehrerin erzählt. Auf die Frage, was sie beruflich machen wollen, antworten die meisten: »YouTuber oder Instagramer«, denn das ist einfach und damit kann man Millionen verdienen.

Berufe wie SchauspielerIn, MalerIn oder MusikerIn können dich an die Spitze führen, wenn Talent, Einsatz und Glück zusammenspielen. Dasselbe gilt für SportlerInnen. Jeden Tag gibt es Meldungen über Stars, ihre Millionengagen und das Glück in ihrem Leben.

Von allen aufgezählten Berufen scheint eine Tätigkeit im Social Media-Bereich am einfachsten. Videos machen, Fotos knipsen, posten und verdienen. Es ist wirklich faszinierend, welche Inhalte die Videos auf YouTube haben und wie viele Views sie erreichen können. Einen der erfolgreichsten YouTuber Österreichs kenne ich persönlich und er ist für mich ein Beispiel für einen erfolgreichen Weg, der zu Beginn nicht zu erahnen war. Da dieser YouTuber schon mit 16 begonnen hat, kann er mittlerweile auf mehr als 10 Berufsjahre zurückblicken.

Angefangen hat das Ganze schlicht und einfach mit seiner Begeisterung, Videos zu drehen. Er filmte und postete heimlich während der Schulzeit. Zu Beginn waren für ihn hundert Follower schon ein Grund zum Feiern. Hatte ein Video mehr Views, als er Follower besaß, galt es für ihn als großer Erfolg. Er ist diesen Weg konsequent gegangen. Trotzdem hat er sich dafür entschieden, die Schule abzuschließen und ein Sprachenstudium zu beginnen.

Heute ist YouTube sein Beruf. Es war weniger der Aufwand seiner Videos, der ihm zum Durchbruch verhalf, sondern der Inhalt: Comedy.

Seine Videos bringen ein paar hundert Euro im Monat. In seinen Spitzenzeiten hat er drei Videos pro Woche produziert und gepostet, was einer Vollzeitbeschäftigung gleichkam, die aber nur auf Umwegen Geld gebracht hat. Werbeverträge sichern ihm ein Einkommen, mit dem er zufrieden ist. Die abgeschlossenen Studien können für ihn ein Sicherheitsnetz bilden, allerdings hat er sich noch ein ganz anderes gewebt, indem er immer neue Wege geht und ausprobiert. Sein Talent zur scharfen Beobachtung und seine teils bissigen, teils witzigen Kommentare hat er mittlerweile in zwei erfolgreichen Büchern ausgedrückt. Er steht auch auf der Bühne und füllt mit seinem Kabarettprogramm große Säle. Außerdem schreibt er für verschiedene Zeitschriften.

Einfach ist sein Geld nicht verdient, von Millionen ist er weit entfernt. Seine Ideen, seine Disziplin und sein Einsatz haben ihn aber weit gebracht und werden ihn sicher noch weiter bringen.

Was ist nun aber mit Berufen wie FußballerIn, SpitzensportlerIn, KünstlerIn, SängerIn, SchauspielerIn? Für manche ist intensives Training nötig, für andere lange Ausbildungen und Studien. Je nach Erwartung sind die Erfolgschancen unterschiedlich hoch. Wer als SchauspielerIn Hauptrollen in einem Blockbuster aus Hollywood erreichen möchte, kann das schaffen. Arnold Schwarzenegger ist das beste Beispiel. Wer Rockkonzerte in ausverkauften Stadien spielen will, Goldmedaillen bei Olympischen Spielen erringen und seine Werke für Höchstpreise am Kunstmarkt sehen möchte, hat eine Chance. Aber wie groß ist sie?

Wer alle diese Berufe erlernt und ausübt, weil sie/er den Drang, die Lust und die Ausdauer dafür hat, schafft vielleicht nur mittlere oder kleine Erfolge und muss sich dann eine Frage stellen:

War es mir den Aufwand wert?

Daher frage dich schon zu Beginn deiner Ausbildung: Wenn ich später keine Spitzenerfolge schaffe, auch keine mittleren Erfolge und vielleicht eine völlig andere Tätigkeit als Beruf ausüben muss, war es mir Zeit, Arbeit und Energie wert? Oder bereue ich das alles und mir tut es um alles leid?

Wenn du auf diese Frage mit vollster Überzeugung antworten kannst, dass du es trotz aller Risiken probieren willst, dann tu es. Es ist eine alte Weisheit, dass wir im Leben viel mehr die Dinge bereuen, die wir nicht getan haben, als die Sachen, die wir getan haben.

Aber was ist mit dem Netz? Spannen oder nicht spannen, das ist die Frage.

Wenn dein Traum nicht klappen sollte, bist du dann bereit, wieder von vorne mit einer anderen Ausbildung zu beginnen? Wenn du als Überbrückung oder für längere Zeit eine Tätigkeit übernehmen musst, die dich weder erfüllt noch befriedigt, nimmst du das in Kauf?

Ich habe von einer Fußballakademie für junge SpielerInnen gehört, in der zusätzlich zum täglichen Training alle TeilnehmerInnen eine Berufsausbildung machen. Von

10.000 Fußballbegeisterten, die von einer großen Karriere träumen, werden es nur sehr wenige in eine Top-Liga schaffen. Wer trotzdem das harte Training auf sich nimmt, hat die Chance, seinen Traum zu verwirklichen. Auf welchem Niveau hängt vom Talent ab, von der körperlichen Entwicklung und von einer Reihe von Fügungen, die nicht im Vorhinein bestimmt werden können. Die gleichzeitige Berufsausbildung ist ein Sicherheitsnetz, das nicht nur finanziell, sondern auch persönlich vor Abstürzen bewahren kann und wird.

Als Gegenbeispiel aber möchte ich die Worte der Tochter von Freunden erwähnen. Sie besucht die Schauspielschule und lernt mit größter Ernsthaftigkeit. Ein Plan B, den sich ihre Eltern wünschen würden, kommt für sie nicht infrage. Sie ist überzeugt, viel mehr Energie zu besitzen und größeren Willen und größere Kraft für Erfolg zu haben, wenn sie nur diesen einen Weg gehen kann. Wenn ich sie ansehe und ihr zuhöre, klingt es für mich überzeugend. So wie ich diese junge Frau erlebe, wird sie selbst ohne Netz oder Plan B einen erfolgreichen beruflichen Weg gehen.

WIE DU DEN BERUF MIT DER GRÖSSTEN ERFOLGSCHANCE FÜR DICH FINDEN KANNST

Untersuche die Leben von 100 Menschen, die erfolgreich sind. Egal welche Branche. Egal welche Tätigkeit. Die Antriebskraft, die sie zum Erfolg befördert hat, ist bei allen gleich. In manchen Berufen ist sie nur nicht gleich auf den ersten Blick zu erkennen.

Ein Freund von mir ist Pathologe und untersucht also ausschließlich Leichen. Er ist Gerichtspathologe, was bedeutet, dass er Mordopfer auf den Obduktionstisch bekommt, Menschen, deren Todesursache ungeklärt ist, und Selbstmörder, bei denen er feststellen soll, ob Fremdverschulden vorliegt.

Er hat Medizin studiert. Als er auf der Suche nach einem Fachgebiet war, hat er ein Sommerpraktikum in einem Krankenhaus angenommen. Er sollte auf mehreren Stationen eingesetzt werden. An seinem ersten Arbeitstag stand er etwas verloren im Eingangsbereich und versuchte auf einer großen Tafel herauszufinden, in welchem Stockwerk er das Büro des Personalchefs finden könnte. Ein Arzt kam vorbei, blieb stehen und erkundigte sich, ob er einer der Praktikanten sei. Mein Freund bejahte und der Arzt meinte, er könne gleich mitkommen, denn er bräuchte dringend eine Assistenz. So ist mein Freund auf der Pathologie gelandet.

In seiner langen Laufbahn hat er aber nicht nur Gerichtsfälle untersucht, sondern auch Schädel, die Leuten wie Ludwig van Beethoven, Mozart oder dem genialen Arzt Paracelsus gehört haben sollen. Er war dabei, wenn Sarkophage nach hunderten von Jahren geöffnet wurden, hat die Überreste analysieren und neue Erkenntnisse über das Leben der Menschen von damals gewinnen können. Wenn er aus seiner Praxis erzählt, kann ich ihm stundenlang zuhören, weil seine Berichte ungeheuer spannend (und humorvoll) sind.

Dieser Pathologe hat dieselben Erfolgseigenschaften wie ein Fernsehkoch.

Dieser Koch hat mir einmal erzählt, dass er zu den schlechten und vor allem faulen Schülern gehört hatte. Seine Leidenschaft zu Hause war das Kochen. Die technische Schule, die er besuchte, interessierte ihn nicht. Schließlich hat er abgebrochen und eine Kochlehre in einem Spitzenrestaurant begonnen.

Bereits in der ersten Woche änderte sich sein Leben völlig. Auch wenn er nur kleine Hilfsdienste machen durfte, gefiel ihm die Betriebsamkeit einer Restaurantküche. Er war fasziniert davon, was für kulinarische Kunstwerke möglich waren, und wollte alles lernen, was dafür nötig war. Auf einmal stand er freiwillig um fünf Uhr in der Früh auf und klagte kein einziges Mal über Arbeitszeiten oder die Anstrengung, die seine Tätigkeit mit sich brachte.

Durch Zufall wurde er für eine neue Kochsendung entdeckt. Er machte seine Sache so natürlich, dynamisch und gut, dass er bei der Ausstrahlung der Sendung in Deutschland gleich von mehreren anderen Kochshows engagiert wurde. Er ist aber nicht nur Showman, sondern bliebt weiterhin ein Mensch, der aus so ziemlich allen Zutaten die wunderbarsten Gerichte zaubern kann, sich für Nachhaltigkeit interessiert, vegan und vegetarisch kocht und ein wandelndes Rezeptbuch ist.

Diesen Koch verbinden die beiden wichtigsten Erfolgseigenschaften mit einem Mann, den ich vor einigen Jahren kennengelernt habe.

Seine Erscheinung war alles andere als gepflegt. Er war meistens schlecht rasiert und seine Anzüge haben ausgesehen, als hätte er darin geschlafen. Dieser Mann war Mitte Siebzig, sein Gang aufgrund von Übergewicht schleppend. Leider ist er vor nicht allzu langer Zeit verstorben. Nach seinem Tod wurde bekannt, dass er ein geschätztes Vermögen von 100 Millionen Euro in Immobilien hinterlassen hat. Wer ihm begegnet ist, hätte das niemals angenommen. Sein Äußeres, Luxusgüter, ein großes Haus oder ein teures Auto waren ihm egal.

Jede Unterhaltung mit ihm war ein Genuss, denn er war interessant und interessiert, hatte viel aus seiner jahrelangen Erfahrung zu erzählen und sein Alter verringerte weder seinen Einsatz noch sein Unternehmertum. Was ihm aus den Augen sprühte und aus allen seinen Erzählungen herauszuhören war, verbindet ihn mit einem der bedeutendsten Dramatiker der vergangenen hundert Jahre, mit dem ich mich bei einem Abendessen unterhalten durfte.

Dieser Autor hat einige der erfolgreichsten Theaterstücke des 20. Jahrhunderts verfasst, war politisch, zeitkritisch und gleichzeitig ein ausgezeichneter Beobachter der menschlichen Seele. Er ist Amerikaner, seine Werke aber wurden und werden auf der ganzen Welt in vielen Sprachen aufgeführt. Einige sind auch verfilmt worden.

Im Leben dieses Mannes gab es große Durststrecken. Er stand auf der Schwarzen Liste von möglichen Sympathisanten mit dem Kommunismus und bekam jahrelang keine Aufträge in den USA.

Nach einer Erfolgsphase, die sich über Jahrzehnte erstreckte, folgte eine Zeit, in der seine Stücke aus der Mode kamen und kaum aufgeführt wurden. Trotzdem ging er fast jeden Tag in sein kleines Schreibhaus im Garten und hat an neuen Theaterstücken gearbeitet. Auch wenn er und seine Werke wenig gefragt schienen, hat er weiter und immer weiter geschrieben.

Als er bereits über 80 Jahre alt war, hat für ihn das eingesetzt, was man Renaissance nennt. Die Themen seiner Werke waren plötzlich aktueller als je zuvor, seine neuen Stücke kamen am Broadway in New York und in vielen anderen Städten auf die Bühne, es gab Verfilmungen mit großen SchauspielerInnen und sein Agent hat diese Zeit als die erfolgreichste überhaupt bezeichnet. Der Autor wurde zu zahlreichen Produktionen eingeladen, hat den wiedergewonnenen Ruhm genossen und sich bei den Premieren feiern lassen. Das Einzige, das sich in all den Jahren nie geändert hat, war die ständige Arbeit an neuen Werken, die sich schließlich – ohne dass es jemand ahnen oder vorhersagen konnte – ausgezahlt hat. Angetrieben hat diesen Künstler das Gleiche, das ich bei einer Freundin beobachte, die Lehrerin ist.

Wer mit ihr spricht, sieht ein gütiges Lächeln und blitzende Augen. Sie unterrichtet seit vielen Jahren Jugendliche im Alter zwischen 14 und 18 Jahren. Mit der gleichen Ruhe, mit der sie erzählt, dass sie die erfolgreichste Abschlussklasse des Landes gehabt hat, berichtet sie über ihre derzeitige Klasse, in der ziemlich desinteressierte und gelangweilte junge Menschen sitzen. Sie wertet nicht, sie findet es bloß schade, dass diese SchülerInnen nach der Schule wahrscheinlich Schwierigkeiten bei der Berufswahl haben werden. Obwohl sie viele Stunden aufwendet und ihnen zu einer Eigenschaft verhelfen will, die ihren eigenen Erfolg ausmacht, kommt sie nur sehr mühsam voran. Trotzdem lässt sie sich dadurch nicht frustrieren. Die höchste Erfolgskraft unterstützt sie dabei.

Genauso verhält es sich bei einer Kellnerin in einem Restaurant in der Nähe von Salzburg. Sie hat eine markant tiefe Stimme, ist freundlich, persönlich, herzlich, niemals aufdringlich, aber trotzdem mit einer Offenheit ausgestattet, der man nicht widerstehen kann. Sie fühlt sich wohl in ihrer Haut, sie schätzt gutes Essen und würde niemals etwas empfehlen, wovon sie nicht überzeugt ist. Leute wollen gerne in dem Bereich des Restaurants sitzen, in dem sie serviert, und an Trinkgeld bekommt sie mehr als alle ihre KollegInnen. Es ist zu spüren, dass Kellnerin zu sein für sie nicht nur das Verdienen ihres Unterhalts bedeutet. Was auch alle anderen geschilderten Personen auszeichnet, besitzt sie in großem Maße. Es lässt sie strahlen.

Wahrscheinlich kannst du dir denken, welche Eigenschaften ich meine, die eine so enorme Voraussetzung für Erfolg sind. Wer glaubt, diese Eigenschaften nicht zu besitzen, der kann sie – davon bin ich felsenfest überzeugt – in sich entdecken. Natürlich ist dazu ein Wille nötig und einiges an Forschergeist und Einsatz. Es kann nur kurz dauern, bis jemand diese Eigenschaften in sich gefunden hat und für seinen Erfolg nutzt, vielleicht aber dauert es auch länger, wenn er voll mit Annahmen ist oder Vorstellungen, die nicht hilfreich sind.

Vielleicht erscheinen dir diese Eigenschaften viel zu simpel als Grundlage für Erfolg. Wenn du mir nicht glauben solltest, stelle deine eigenen Nachforschungen an. Was alle Menschen verbindet, die ich gerade beschrieben habe und die auf ihrem Gebiet, jeder auf seine Weise, höchst erfolgreich sind, ist

LEIDENSCHAFT

und

BEGEISTERUNG

Mir ist in meinem ganzen Leben noch kein Mensch begegnet, der voller Enthusiasmus für seine Tätigkeit war und nicht auf seine Art Erfolg hatte.

Du kannst jetzt mit gutem Recht fragen, ob alle diese Leute viel verdienen, hohe Positionen innehaben oder großes Ansehen genießen. Wenn du nur nach diesen Maßstäben misst, kann die Antwort ein dreifaches Nein sein. Allerdings ist keiner dieser Menschen darüber unglücklich, da sie die Begeisterung für ihre Tätigkeit antreibt, sie beim Arbeiten in den sogenannten Flow kommen und die Erfüllung, die sie in ihrer Tätigkeit finden, als Erfolg werten. Sie kommen in ihrem Bereich auch immer weiter und höher als alle anderen, die eben einfach vor sich hin trotten.

Ich kenne keine leidenschaftlichen Leute, die sich als erfolglos bezeichnen würden und auch von außen gesehen nicht auf irgendeine Art Erfolg errungen hätten, der sie deutlich von anderen unterscheidet.

Wieder einmal eine Warnung:

Leidenschaft für einen Beruf bedeutet nicht, dass du diese Tätigkeit immer nur mit Leichtigkeit ausüben wirst. Es ist auch keine Garantie auf gute Tage. Wenn du meinst, auf diese Weise von Hindernissen, Problemen und Unglücksfällen verschont zu bleiben, muss ich dich schon wieder enttäuschen. All das kann dir genauso passieren wie einem Menschen, der einfach vor sich hinarbeitet, mit seiner Tätigkeit wenig zufrieden ist und sie als lästige Aufgabe empfindet, um Geld zu verdienen.

Der große Unterschied besteht aber darin, wie sich der Alltag von begeisterten Menschen anfühlt im Vergleich zu gelangweilten Leuten, die ihre Arbeit nicht schätzen. Außerdem lässt dich Enthusiasmus strahlen wie einen Leuchtturm, du wirst zu einem Magneten, der günstige Gelegenheiten und Chancen anzieht. Jede/-r ArbeitgeberIn wird sich für jemanden entscheiden, dem die Freude an der Arbeit anzusehen ist, wenn andere Bewerber weniger Begeisterung zeigen.

Was aber nun tun, wenn ein Mensch wirklich für nichts Leidenschaft empfindet im Leben?

Ich kann mir nicht vorstellen, dass du dazugehörst. Vielleicht liegen deine Leidenschaften aber in Interessensgebieten, von denen du annimmst, sie beruflich nicht nützen zu können. Dir erscheint eine Tätigkeit in einem anderen Bereich, der dich weniger begeistert, erstrebenswerter. Du glaubst, dass es dort mehr Möglichkeiten und Jobs gibt.

Die Frage, die du dir dann stellen solltest, lautet: Ist es wirklich so? Oder gibt es nicht doch eine Möglichkeit, einen Beruf zu finden, der möglichst viel von deiner wahren Passion hat?

Was ich nicht gelten lasse, sind Gedanken oder Aussagen, die da lauten:

Nein, ich finde nichts.

Oder:

Ach, das ist so schwierig.

Stimmt. Es kann eine Herausforderung sein, in dir Leidenschaften auszugraben, die unter Vorurteilen, Enttäuschungen und einem Berg von Abers begraben liegen. Genauso kann es ziemlich viel Überlegung, Nachforschung und zahlreiche Gespräche nötig machen, um eine Möglichkeit zu finden, deine Interessen in eine Berufsform zu bekommen.

Wehleidigkeit hält dich dabei nur auf. Selbstmitleid ist wie der Betonblock, den die Mafia ihren Feinden an die Füße bindet, bevor sie die armen Leute in Flüssen und Meeren versenkt. Hoffnungslosigkeit und hunderte Gründe, wieso etwas nicht möglich ist, können sich ebenfalls einstellen. Sie sind wie dichter Nebel. Du kannst stehenbleiben und warten, dass er sich verzieht. Du kannst weitertappen und dich verirren. Du kannst aber auch den Nebelscheinwerfer einschalten und versuchen, durch das dichte Grau zu leuchten und deinen Weg zu finden. Vielleicht geht es nur langsam, aber langsam ist besser als gar nicht.

Wenn Menschen nur sitzen bleiben und sich bedauern wollen, so ist es ihre Entscheidung. Aber jeder Tag, der vorbei ist, kommt nie wieder.

Denke immer daran: Du bist dein Instrument, auf dem du spielen kannst. Welches Stück du aber spielen willst, das ist deine Entscheidung. Wenn du Rockmusik liebst, aber meinst, eine Sonate von Mozart auf der Geige spielen zu müssen, obwohl klassische Musik wirklich nicht dein Ding ist, tust du dir nichts Gutes. Wenn du die Stücke spielst, die dich begeistern, hat dein Konzert eine wesentlich größere Chance auf Applaus.

WAS DIE WAHL EINES NEUEN BERUFES IM LAUFE DEINES LEBENS UND ROMCOMS GEMEINSAM HABEN

Sie sind so herrlich entspannend, manchmal kitschig, gehen ans Herz und da es ROMantische KOMödien sind, haben sie Humor.

Das Grundmuster:

Er oder sie ist im Leben nicht zufrieden. Er/sie wurde verlassen. Oder es klappt im Beruf so überhaupt nicht. Oder er/sie hatte einen anderen Schicksalsschlag, wie den Verlust eines Partners oder einer Partnerin.

Dann begegnet ihr oder ihm aber ein Mensch, von dem wir von Anfang an wissen, dass es die/der beste PartnerIn sein könnte. Aber vielleicht können sich die zwei zu Beginn nicht riechen. Die erste Begegnung war womöglich eine Katastrophe. Sie oder er sind verliebt in ihn oder sie, aber sie trauen sich das nicht zu zeigen.

Es gibt jede Menge Verwicklungen und Hindernisse. Es hat den Anschein, als würde das Paar niemals zusammenkommen. Vielleicht sind Eltern, frühere LiebhaberInnen oder andere Komplikationen aufgetaucht, die sich dazwischenschieben.

Es scheint alles aus, es gibt keine Hoffnung mehr. Was aber trotzdem geblieben ist, das ist die Zuneigung, die innere Verbundenheit, die Verliebtheit.

Am Ende geht alles gut und das Paar findet sich. Im besten Fall an einem besonders romantischen Ort, der viele Gefühle weckt.

Ab und zu kommt es in solchen Romcoms auch vor, dass am Ende zwei zusammenkommen, von denen man es zu Beginn nicht geahnt hätte. Glücklicherweise gab es mehrere Fügungen und Zufälle, die das ermöglichten.

Umgelegt auf Berufswahl und Ausbildung (vor allem, wenn du beschließt, in deinem Leben etwas anderes zu tun) heißt das:

Aus Unzufriedenheit und aus Schicksalsschlägen kann sich für dich der Wunsch oder die Notwendigkeit ergeben, eine neue Betätigung zu finden.

Du kannst natürlich angestrengt suchen, aber eine gute Idee kommt oft, wenn du nicht mehr suchst.

Es muss nicht Liebe auf den ersten Blick sein. Der Funke ist nötig, der springt.

Wenn du und deine neue Tätigkeit zusammenkommen, dann sollen Verliebtheit und Begeisterung die stärksten Gefühle sein.

Allerdings ist das noch nicht das Happy End. Es können sich jede Menge Schwierigkeiten und Anstrengungen einstellen, denen du dich kaum gewachsen fühlst.

Wenn du aber durchhältst, dann ist der Lohn für dich die wahre Zweisamkeit mit deinem neuen Beruf und eine starke Verbindung.

Wenn es dir gelingt, manche Situationen mit Humor zu nehmen, hast du es auf jeden Fall einfacher.

Damit hier kein Missverständnis aufkommt: Wer seinen Job verliert und dringend einen neuen suchen muss, weil er/sie seine Familie zu ernähren und die Rechnungen zu bezahlen hat, wird meinen Vergleich zwischen Arbeitssuche und Romcom reichlich dumm finden. Was ich sagen möchte: Die Möglichkeit auf ein Happy End ist gegeben, wenn man es schafft, eine gute Verbindung mit seiner Tätigkeit aufzunehmen, vor allem, wenn sie neu ist. Gegenwind wird nicht erspart bleiben, es gilt sich gegen ihn zu stemmen und nicht aufzugeben.

EINIGE SPRÜCHE, DIE HILFREICH FÜR DICH SEIN KÖNNEN...

PROBIEREN GEHT ÜBER STUDIEREN

Damit will ich Universitätsstudien nicht geringschätzen, ganz im Gegenteil. Gemeint ist die Redensart, die besagt, es wäre hilfreicher, etwas auszuprobieren, als hunderte Gedanken darüber zu wälzen.

Dem kann ich nur voll und ganz zustimmen. Jedes Volontariat, jedes Praktikum, jeder Berufs-Schnupperkurs macht Sinn, weil dadurch mehr Einblick gewonnen werden kann als über Beschreibungen, Statistiken, Berichte und viel Grübelei.

Wenn dich eine Tätigkeit interessiert, du aber deine Unsicherheiten darüber hast, versuche richtig reinzuschnuppern. Zupacken, spüren und erfahren. Danach fällt dir deine Entscheidung sicherlich leichter.

DER WEG KOMMT BEIM GEHEN

Unlängst hat mir jemand seinen Karriereweg so beschrieben: Interessiert hat sich dieser Herr immer schon für Journalismus und Politik. Daher hat er nach Abschluss der Handelsakademie als Studienrichtungen Publizistik und Politologie belegt. Im ersten Jahr an der Uni hat sich bei ihm bereits Enttäuschung eingestellt, da er praktisch arbeiten und keine Theorien kennenlernen wollte.

Schließlich hat er das Studium abgebrochen und war ziemlich ratlos, was er weiter machen sollte. Sein Vater war Leiter einer Bankfiliale und sein Wunsch war es immer gewesen, dass sein Sohn eine ähnliche Laufbahn wie er wählt. Mein Freund hat sich schließlich entschieden, eine Position in der Bank anzunehmen, die viel mit Wirtschaft und Management zu tun hat. Er war bereits verheiratet und erhoffte sich bald Nachwuchs, daher kam ihm die Stelle gelegen, um seine junge Familie zu versorgen. Die Tätigkeit hat ihn darüber hinaus interessiert, wenn sie auch von seinen ursprünglichen Vorhaben entfernt war.

Zehn Jahre später hatte er bei der Bank aufgrund seines Einsatzes und Geschicks einen guten Aufstieg geschafft. Zu dieser Zeit hat er erfahren, dass bei einer lokalen Zeitung ein/-e GeschäftsführerIn gesucht wurde. Er hat sich beworben und wurde genommen. Auch in dieser Position hat er sich wieder bewährt und so wurde er einer der jüngsten Vorstandsvorsitzenden. Aus der Zeitung ist mittlerweile ein Medienunternehmen geworden, dessen Geschicke er mit ungebrochener Leidenschaft leitet. Dieser Mann ist ein gutes Beispiel für vielerlei:

1) Seine Leidenschaft ist ein Großteil seiner Tätigkeit geworden.
2) Sein Weg hat sich erst in seiner vollen Dimension eröffnet, als er ihn gegangen ist.

3) Es ist im beruflichen Leben oft der Fall, Umwege zu gehen, die aber schließlich zu Erfüllung und Erfolg führen.

Unter dem Gehen, das den Weg zeigt, ist kein Losstürmen gemeint, das blindlings irgendwohin führt. Was zählt, ist die Bewegung von einem Punkt aus, der mit dir, deinen Fähigkeiten, deiner Ausbildung und den derzeitigen Möglichkeiten zu tun hat und der dir interessant erscheint. Wenn du dich durch das Jahr bewegst und Erfahrungen sammelst, wirst du auch Einblicke gewinnen, die deine ursprünglichen Vorstellungen und Wünsche verändern, schärfen oder im besten Falle gleich verwirklichen werden.

Gehen ist immer besser als Stehen!

DAS EINZIG FIXE IM LEBEN IST DIE VERÄNDERUNG

Die Zeit, in der ein Mensch eine Ausbildung macht, eine Stelle in einem Unternehmen antritt und dort bis zu seiner Pensionierung bleibt, ist heute mehr oder minder vorbei. Das kann mit dem Willen nach Aufstieg und Vorankommen zu tun haben, was im Betrieb, wo du angefangen hast, vielleicht nicht möglich ist. Der Grund zum Wechsel kann mit neuen Interessen zu tun haben, neuen Möglichkeiten und Herausforderungen für dich. Allerdings kann es auch eine wirtschaftliche Notwendigkeit bei Stellenabbau oder im schlimmsten Falle sogar bei Konkurs von Firmen sein.

Ich möchte dir gleich ein Beispiel erzählen, was solche Veränderungen mit sich bringen. Und dafür gleich ein weiterer Spruch:

MAN LERNT NIE AUS

Wer vorankommen will, wird sein ganzes Berufsleben lernen. Wer das Leben als aufregendes Abenteuer empfindet, bleibt immer neugierig und lernt ständig dazu.

Die berufliche Richtung zu ändern, kann sehr anstrengend werden. Für mich sind Leute, die es tun und dafür einiges in Kauf nehmen, wirklich starke Persönlichkeiten. Jennifer, die seit vielen Jahren meine Wohnung in London versorgt, ist so ein Beispiel.

Jennifer kommt aus Kolumbien, lebt aber seit fast 40 Jahren in London und ist britische Staatsbürgerin. Sie hat lange Jahre für eine sehr wohlhabende Dame gearbeitet und war für ihre sehr umfangreiche Garderobe verantwortlich. Zu mir kam sie durch Zufall, um die Wohnung in Schuss zu halten. Zur gleichen Zeit hat sie mit ihrem Bruder eine kleine Reinigungsfirma gegründet, die jede Nacht zwei große Arztpraxen in der berühmten Harley Street geputzt hat.

Was an ihr auffällt, ist ihr Strahlen und Lachen. Was sie angeht, macht sie gründlich. Sie liebt es, Lösungen zu finden, und ihr Einsatz gilt nicht nur der Reinigung einer Wohnung, sie hat auch ein Auge dafür, was nötig ist, damit die Zimmer frisch und gemütlich bleiben. Zimmerpflanzen gießt sie nicht einfach, sie googelt vorher, was die Pflanzen genau brauchen.

An ihrem 55. Geburtstag hat Jennifer festgestellt, dass ihr die Arbeit in der Nacht zu viel wird. Da ihr Mann als Fahrer eines schwarzen Taxis tätig ist, wollte sie auch diesen Beruf ergreifen. In London bedeutet das mehr als drei Jahre Schule und an die 25 Prüfungen, denn die LenkerInnen der Black Cabs müssen alle (!!!) Straßen und Plätze der Stadt auswendig kennen.

Jennifer hat weiter in der Nacht gearbeitet und unter Tags gelernt. Freundlicherweise hat sie sich auch um meine Wohnung gekümmert. Ihr Mann hat sich oft Sorgen gemacht, das alles könnte sie überanstrengen. Aber Jennifer hat durchgehalten und heute ist sie eine stolze und sehr gute Taxifahrerin. Die Reinigungsfirma hat sie ihrem Sohn übergeben.

Jennifers Beispiel zeigt, dass Richtungsänderungen möglich sind, meistens ziemlichen Aufwand und große Anstrengung bedeuten und ein starker Wille Voraussetzung ist. Die Belohnung ist Erfolg in vielerlei Hinsicht: Stolz über die enorme Leistung des Lernens, Freude an der neuen Herausforderung und in ihrem Fall verbesserte Arbeitszeiten.

Der Besitzer eines Gasthauses, in dem ich seit vielen Jahren gerne esse, hat mit 50 Jahren begonnen, eine Ausbildung zum Therapeuten für die Therapieform des Rolfing zu machen. Es war herausfordernd für ihn, da er seit vielen Jahren gewohnt war, als »Chef« einen Betrieb zu leiten. Plötzlich fand er sich als Schüler wieder. Dazu kam, dass die Ausbildung in einer anderen Stadt stattfand. Er hat die Doppelbelastung von Restaurant und Lernen auf sich genommen, nach den letzten Prüfungen den Betrieb an seinen Sohn übergeben und seine Praxis eröffnet, in der er bis heute tätig ist. Einige der Gäste aus dem Restaurant sind seine ersten KlientInnen geworden. Sein Wunsch war die neue Tätigkeit, aber auch, »sein eigener Herr« zu sein und ohne Personal seine Praxis führen zu können. Er hat es geschafft, genau wie Jennifer.

Den richtigen Beruf zu haben, kann ein Lebensprojekt sein, eine Herausforderung, die du dir vielleicht sogar mehrfach stellen musst. Das soll kein Schreckgespenst sein. Ich bin der festen Überzeugung, egal auf welchem Gebiet, egal in welcher Branche, Grundlage für Erfolg ist und bleibt dein Interesse, deine Leidenschaft und Begeisterung und dein Einsatz. Das oft genannte Glück stellt sich bei allen, die in Bewegung sind und ihre Ziele verfolgen, auf jeden Fall leichter ein als bei Menschen, die sich als »Opfer der Umstände« gehen lassen. Glückliche Wendungen sind etwas, das dir auf deinem Weg begegnet. Stehst du still, hat die Wendung kaum Chance, auch wenn sie dir so gerne weitergeholfen hätte.

Letzter Spruch in diesem Kapitel (diesmal von mir):

Einfach is nix
und das ist fix!

WENN'S GAR NICHT ANDERS GEHT, DANN VERSUCH'S MIT MAGIE

Wenn dir der richtige und beste Beruf einfach nicht einfallen will oder du dich nicht entscheiden kannst oder wenn dein Weg blockiert erscheint, versuche einmal das:

1) Tagträumen. Oder professionelles Visualisieren genannt. Mach es dir bequem, lehn dich zurück, schließe die Augen und lass in deinem Kopf einen kleinen Film entstehen. HauptdarstellerIn bist du. Du siehst dich in diesem Film berufstätig, du musst den Beruf aber nicht benennen können.

Stelle dir vor, wie dein Tag beginnt, wie du dich freust, vielleicht auch ein wenig nervös bist. Du beobachtest dich nun auf dem Weg zur Arbeit. Vielleicht taucht in diesem Film sogar ein Ort auf, zu dem du unterwegs bist und wo du tätig bist.

Wenn nicht, keine Sorge. Überspringe den Tag und sieh dich am späten Nachmittag oder Abend auf dem Heimweg. Du fühlst dich müde, aber nicht erschöpft. Du bist zufrieden und denkst dir: Phu, war nicht alles einfach, aber trotzdem ist alles gut gegangen. Vertiefe dich in deine Gefühle von Zufriedenheit und Erfüllung. Du kannst sie verstärken, so viel du willst.

Warte ab, was geschieht, wenn du dich dieser Vorstellung öfter hingibst. Sie kostet dich ein paar Minuten und ist besser als Grübelei, die wie das Durchdrehen von Rädern am Stand ist.

2) Tausende andere vor dir...

Innerlich kommt es manchmal vor, dass sich Blockaden aufbauen.

Ich schaffe das nicht.

Ich finde keinen guten Beruf für mich.

Was ist, wenn...

Angst ist eine Bremserin und kann wie eine Betonwand vor dir stehen.

Nimm dir ein Blatt Papier oder tippe, wenn dir das lieber ist, folgende Zeilen:

Vor mir haben bereits Millionen Menschen einen Beruf gefunden, den sie leidenschaftlich ausführen. Also kann ich das auch schaffen.

Millionen Menschen sind auf dieser Welt erfolgreich, ich habe das Recht, die Fähigkeit und den Einsatzwillen, auch dazuzugehören.

Millionen von Menschen gehen jeden Tag in eine Arbeit, die sie mögen und die sie die meiste Zeit erfreut. Also kann und werde ich eine solche Tätigkeit auch finden.

Diese Liste kannst du fortsetzen. Es geht darum, dein Innerstes zu überzeugen, dass mehr möglich ist, als es sich im Augenblick vorstellen kann, und dass es diese unnötige Blockade bitte endlich kippen soll.

SCHRITT 5

ERSTELLE EINEN
STECKBRIEF DEINES
ERFOLGS

WIESO DIE ERFOLGREICHSTEN MENSCHEN MANCHMAL MEINEN, KEINEN ERFOLG ZU HABEN

Wer beschließt, nach Rom zu fahren, setzt sich ins Auto, gibt ins Navi ROM als Ziel ein und fährt, gelenkt von der wunderbaren Stimme, los, bis sie oder er in Rom eintrifft. Ein paar erholsame Tage können beginnen.

Wer sich entschieden hat, das Wochenende in Rom zu verbringen, wird sicher nicht Stockholm, Amsterdam oder Budapest ins Navi eintippen.

Wer sich nicht entscheiden will oder kann, aber weiß, dass sie oder er eine schöne Stadt in Italien erkunden möchte, fährt Richtung Süden los. Im Vorhinein kann man sich die mögliche Strecke ansehen, auf der am besten gleich mehrere Städte liegen, die verlockend erscheinen. Es geht also Kilometer für Kilometer nach Italien und schließlich landet man zum Beispiel in Mailand.

Darüber kann man sich freuen, denn Mailand ist für viele Menschen eine Reise wert, wie es so schön heißt. Trotzdem aber kann es Leute geben, die enttäuscht oder sogar sauer sind, denn insgeheim hatten sie Rom im Kopf. Rom wäre viel interessanter gewesen, aber es wurde nicht als Ziel festgelegt. Der Wunsch nach Kolosseum und Petersdom wurde nicht ernst genommen, jedenfalls nicht ernst genug, um ihn klar und eindeutig als Ziel zu definieren.

Erfolg als fixe Größe wie eine Zahl oder ein Ort, der durch Koordinaten exakt beschrieben ist, gibt es nicht. Wenn du zehn Leute in deiner Umgebung fragst, was für sie Erfolg ist, wirst du zehn verschiedene Antworten bekommen, die sehr weit voneinander abweichen können.

Das Gefühl von Erfolg ist etwas Herrliches. Erfolg riecht und schmeckt hervorragend und fühlt sich gut an. Daher glaube ich niemandem, der behauptet, Erfolg wäre nicht wichtig in ihrem oder seinem Leben. Selbst bei der Hausarbeit will man doch erfolgreich sein und diese verdammten Notwendigkeiten so gut und so schnell wie möglich schaffen. Wenn das gelingt, kann man die Leistung als Erfolg bezeichnen.

Der Unterschied zwischen einer Reise nach Rom oder in eine andere schöne Stadt Italiens hat mit deiner Vorstellung von Erfolg viel zu tun. Es soll zeigen, dass du bereits im Vorhinein bestimmst, ob du dich eines Tages erfolgreich fühlen wirst oder nicht.

Du musst wissen, was Erfolg für dich bedeutet. Du musst es so genau wie möglich beschreiben können. In Western gab es Steckbriefe, auf denen Gauner gesucht wurden. Am besten, du hast einen Steckbrief für deinen Erfolg. Natürlich wird er keine Gaunerei sein, aber du kannst ihn so genau beschreiben, dass es eindeutig ist, ob du ihn gefunden hast oder nicht.

Am besten, du erzählst einem Menschen, der dir nahesteht und dein Bestes will, was dein Erfolg einmal sein soll.

Deine Beschreibung muss nicht wie die Reise nach Rom sein. Erfolgsbeschreibungen, die punktgenau auf eine sehr spezielle Funktion in einem Unternehmen zielen, schränken die Möglichkeiten und das Glück zu einer noch besseren, für dich vielleicht in späteren Jahren passenderen oder einträglicheren Position ein. Auf dem Weg zu einer eng definierten Position kannst du auf Hindernisse und Umleitungen stoßen, die mit dir persönlich nichts zu tun haben, sondern durch das Umfeld des Unternehmens, den/die BesitzerIn, das wirtschaftliche Klima und die Weltwirtschaft überhaupt beeinflusst werden.

Erfolg zu definieren, erscheint mir am besten auf die gleiche Weise wie eine Abenteuerreise zu den aufregendsten Städten Italiens. Es ist beim Start klar, dass du nicht nach Aachen willst und dich der Kölner Dom nicht interessiert. Dein Ziel ist Italien, aber du überlässt äußeren Faktoren wie Verkehrslage und Wetter, wo du schließlich eintriffst. Du musst dich auch nicht mit einer Stadt begnügen, du kannst nach der Besichtigung weiterreisen und dir die nächste vornehmen.

Wenn es weiter italienische Städte sein sollen, bleibst du im Land, wenn du dich anders entscheidest, geht es über die Grenzen auf eine neue Entdeckungsreise.

Fest steht für dich aber das Flair, das du suchst, das Klima, das Lebensgefühl und die Atmosphäre. Wie wir alle von Urlauben wissen, ist das italienische Lebensgefühl ein völlig anderes als das schwedische oder das spanische.

Viele messen Erfolg in Geld. Reich zu sein wird zu allen Zeiten als sehr erstrebenswerte Richtung angegeben. Wenn du zu dir selbst aber nicht ehrlich bist und nicht einmal selbst definieren kannst, was du unter »reich« verstehst, zapfst du bereits die Quelle des Frusts an.

Ich habe in meinem Leben unglaublich reiche Menschen kennengelernt. Einige davon waren sehr zufrieden und haben Erfolg und Stärke ausgestrahlt. Der reichste Mann, der mir persönlich jemals begegnet ist, empfindet sich selbst aber noch immer als »arm«, weil er sich ständig mit Leuten vergleicht, die mehr haben als er, und weil er dir nicht einmal schildern kann, wie er Reichtum (vor allem den eigenen) beschreiben würde.

Wenn du Geld als Gradmesser deines Erfolges nehmen willst, so entwickle eine Vorstellung, bei welcher Zahl du den Sticker ERFOLGREICH anbringst.

Erfolg ist relativ (Einstein kann sich wieder freuen): Für einen Menschen sind nach einem schweren Unfall, bei dem das Rückenmark verletzt wurde, die ersten Schritte der größte Erfolg. Für begeisterte LäuferInnen sind ein paar steife Schritte Grund zur Sorge, dass sie ihre Bestzeiten nicht mehr erreichen können.

Es gibt den Spruch:

Schönheit entsteht im Auge des Betrachters.

Mit dem Erfolg ist es ebenso. Du wirst dich dann erfolgreich fühlen, wenn du eingrenzen kannst, was du erreichen willst. Dein persönlicher Erfolg entsteht in deinem Auge.

Klarheit bringt dir Zufriedenheit und Grund, deinen Erfolg zu feiern.

Das „Erfolg gibt es in vier Modellen"- Spiel

Egal ob Auto, Fahrrad, Motorrad oder auch Laufschuhe: Du bestimmst, welches Modell dir am meisten zusagt.

Komm deinem Antrieb für Erfolg auf die Spur.

Erfolg ist für mich...

 ...in Geld zu messen. Lies weiter bei E.

 ...ein Gefühl. Lies weiter bei B.

Egal, wie sich Erfolg für dich ausdrückt oder anfühlt, es scheint ein weltweites Gesetz zu geben, auf das ich dich unbedingt aufmerksam machen will.

Erfolg und Terrier haben etwas gemeinsam. Terrier sind eine Hunderasse, die sich durch Intelligenz, Agilität und eine große Portion Sturheit auszeichnet. Ich bin selbst Besitzer eines Jack Russel Terriers und bei einem Spaziergang ist mir dieser Vergleich eingefallen.

Rufst du »Hier!«, kommt ein Terrier, selbst wenn er gut erzogen ist, nicht sofort, weil er seinen eigenen Willen hat. Wenn du einen Spaziergang machst und der Terrier spürt, dass ihr euch auf dem Rückweg befindet, legt er sich gerne hin und alles Rufen nützt nichts. Er wartet, ob du ihn vielleicht mit einem Leckerbissen lockst, und drückt aus: »Ich habe keine Lust, schon nach Hause zu gehen.«

Als Hundebesitzer kann ich schimpfen, toben, mich ärgern, aufregen und mich heiser rufen. Wenn ich will, dass mein Terrier kommt, wird es wenig nützen. Nicht immer habe ich einen Hundekuchen eingesteckt. Was also kann ich tun, damit der Hund kommt?

Bei meinem Hund funktioniert es am besten, mich einfach umzudrehen und zu gehen. Ich sehe nicht einmal zu ihm zurück. Es dauert meistens, aber schließlich kommt der Terrier gelaufen.

Bei Erfolg ist es ähnlich. Er scheint manchmal weit entfernt. Wir locken ihn, wir gehen auf ihn zu, worauf er

A

zurückweicht, wir laufen ihm nach, um nur seine Hinterseite zu sehen, oder wir stehen, starren ihn an und sind verzweifelt oder sauer, weil er scheinbar nicht kommen will.

Drehen wir uns aber um, gehen wir unseren Weg, tun wir unser Bestes, rast er auf einmal heran, überholt uns vielleicht sogar und steht hechelnd vor uns. Er kommt dann, wenn wir nicht damit rechnen.

Erfolg kann schrecklich stur sein und je zwanghafter wir ihn erreichen wollen, desto langsamer rückt er näher. Damit meine ich nicht sinnvollen Arbeitseinsatz, sondern einfach den Kampf und den Krampf, den sich manche antun.

Locker bleiben ist ein großes Erfolgsgeheimnis aus meiner Erfahrung. So simpel es sich anhört, so simpel ist dieses Geheimnis. Locker bleiben und loslassen und die Gier nach Erfolg einfach zur Seite legen. Wir sind meist so sehr damit beschäftigt, an Erfolg zu denken, darüber zu jammern, wieso er sich nicht einstellt, sauer zu werden oder andere zu beneiden, dass wir zu viel Energie damit verbrennen. Wir könnten sie wesentlich effizienter einsetzen, um die Tätigkeit zu verbessern, in der wir erfolgreich werden wollen.

Um dem Erfolg nicht verbissen nachzurennen, finde so viel Lust wie möglich an deiner Tätigkeit. Ich meine damit wirklich Lust. Vertiefe dich, gehe den berühmten Extra-Kilometer, leiste 10 % mehr, als du bezahlt be-

A

kommst, versuch dich selbst zu übertreffen. Tu aber alles mit Freude.

Lockere dein Gesicht, schüttle es aus. Mach das Gleiche mit Armen und Beinen. Gönne dir kleine Pausen, in denen du ein bisschen von deinem Erfolg träumst und ihn dir ausmalst. Danach aber arbeite weiter.

Erfreue dich an jedem gelungenen Schritt, an jedem erreichten Ziel, an jedem kleinen Erfolg. Feiere dich. Sag deinen MitarbeiterInnen und KollegInnen, mit denen du tätig bist, wie sehr du sie schätzt (es muss aber ehrlich gemeint sein). Baue um dich ein starkes, konstruktives, kreatives Kraftfeld auf.

Noch einmal, weil es wichtig ist:

Nach dem Erfolg zu spähen, um ihn zu kämpfen oder mit Gewalt zu versuchen, ihn ins Leben zu ziehen, geht in 99,9 % aller Fälle schief. Mit vollem Einsatz und Begeisterung deine Arbeit zu machen, ist einer der höchsten Erfolgsfaktoren überhaupt.

Ich wünsche dir, dass du den Erfolg erreichst, den du im Auge hast. Allerdings muss ich dich schon jetzt warnen: Wenn sich Erfolg einstellt, kann das ziemlich frustrierend sein. Ja, du hast richtig gelesen. Erfolg hat ein Frustpotential, wenn du ihn endlich erreicht hast. Damit habe ich meine Erfahrungen, wie du noch lesen wirst. Zuerst aber ein paar echte Erfolgskiller auf Seite 188, um die du am besten einen großen Bogen machst.

A

Erfolgsgefühle gibt es in den unterschiedlichsten Modellen. Welches Gefühl passt zu dir?

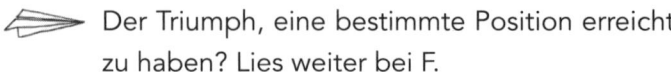 Der Triumph, eine bestimmte Position erreicht zu haben? Lies weiter bei F.

Das Gefühl, jeden Tag aufs Neue etwas zu tun, das eine Mischung aus Liebe, Interesse und Begeisterung ist? Lies weiter bei D.

Das Gefühl, etwas aus deinem tiefen Inneren nach außen gebracht zu haben? Lies weiter bei H.

Eine Arbeitsumgebung gefunden zu haben, in der du dich wohlfühlst und vor allem nicht mit zu vielen und zu großen Aufregungen rechnen musst? Lies weiter bei I.

B

Geld ist seelenlos. Es kommt darauf an, was du damit tust. Wenn dir ein Ferrari viel bedeutet, dann ist es eben dieses Auto, gegen das du dein Geld eintauschen willst. Wenn du dir den Ferrari leisten kannst und jedes Mal ein Hochgefühl erlebst, wenn du darin fährst, so hast du nicht nur Erfolg gehabt, sondern gleichzeitig auch etwas, das dein Lebensgefühl steigert.

Der Ferrari war willkürlich gewählt, weil viele diese Marke sehr bewundern. Wieder geht es darum, was für dich ein starkes Lebensgefühl ausdrückt, das du immer und immer wieder fühlen möchtest.

Erfolgreich sein, gut zu verdienen und mit dem Geld ein schönes Zuhause schaffen und für Familie und Kinder eine Umgebung, in der es sich so richtig angenehm leben lässt, ist eine andere Form von finanziellem Erfolg.

Du kannst eine Liste an Dingen anlegen, die du dir Stück für Stück leisten möchtest. So kannst du immer klar messen, wo du auf deiner selbstbestimmten Erfolgsleiter stehst.

 Mit Geld kannst du dir aber noch anderes erkaufen. Mehr dazu bei G.

Für dich fühlt sich Erfolg wie Erfüllung an.

Diese Erfolgsgröße ist am schwierigsten zu definieren. Erfüllung kann so ziemlich jede Tätigkeit bringen, das Erfolgsgefühl hat viel mit der Art von Erfüllung zu tun, die du erreichen willst.

Leute, die in sozialen Berufen tätig sind, beschreiben ihren Erfolg oftmals in der Reaktion der Menschen, für die sie arbeiten. Das Gleiche gilt für Lehrberufe. Wenn eine leidenschaftliche Lehrerin SchülerInnen mit Wissen und Haltung ausbildet, die einen starken Start ins Leben hinlegen können, ist das für sie der größte Erfolg.

Das Gefühl von Erfüllung, das als Erfolg bezeichnet wird, haben digitale ArchitektInnen genauso, wenn ihnen die Programmierung eines komplizierten Prozesses oder Projekts gelingt. Ich weiß nicht, ob sich Geistliche als erfolgreich bezeichnen dürfen, aber würde sie diese Tätigkeit nicht erfüllen, hätten sie doch eine andere gewählt. Erfolg kann genauso gut spirituelle Arbeit sein und der Einsatz für Menschen auf diesem Gebiet.

 Lies weiter bei A.

Wenn Geld für dich Erfolg bedeutet, kannst du eine Summe festlegen, die du im Laufe von Jahren oder Jahrzehnten oder im Leben verdienen möchtest. Einige Berufe werden es dir eher ermöglichen, diesen finanziellen Erfolg zu schaffen, andere weniger. Es lohnt sich, die finanziellen Aussichten im Vorhinein zu prüfen und den Einsatz, der von dir gefordert wird.

Nehmen wir an, du willst eine Million Euro besitzen. Oder drei oder sogar zehn und noch mehr. Dagegen ist nichts einzuwenden, solange du das Geld nicht raubst oder dafür mordest. Geld ist aber nichts anderes als eine Zahl auf einem Konto oder, wenn du es dir ausbezahlen lässt, ein großer Haufen Banknoten. Eine bestimmte Summe verdienen zu wollen, ist ein klar definiertes Ziel für Erfolg, und die Erreichung ist damit auf den Zeitpunkt festgelegt, wenn diese Zahl auf deinem Konto zu sehen ist. Stell dir vor, du hast dein Ziel erreicht. Gratulation zu deiner ersten, zweiten oder wievielten-auch-immer Million. Wozu wolltest du das Geld überhaupt? Willst du nur die Zahl auf dem Konto sehen und dich reich fühlen? Oder…

 …willst du es umsetzen in Besitz? Dann lies weiter bei C.

 …willst du dir damit Zeit und Freiheit kaufen? Lies weiter bei G.

E

Möchtest du eine leitende Position erreichen? Eine Spitzenposition im Management von Unternehmen? Oder schlägst du eine medizinische Laufbahn ein und hast als Erfolgsgröße eine eigene Praxis vor dir oder eine Laufbahn in der Forschung?

Selbst wenn du als Erfolg eine ruhige Stelle empfindest, die dir das gewünschte Einkommen bringt und dich von allzu vielen und großen Aufregungen verschont, wirst du dich gut fühlen, wenn du diese Position erreichst. Auch wenn Erfolg landläufig oft mit der Ankunft an der Spitze gleichgesetzt wird, soll es für dich das sein, was du angestrebt hast.

Um dich erfolgreich zu fühlen, kannst du, aber musst du nicht, entscheiden, welche berufliche Position du einnehmen willst. Oft kommt dieses Maß für deinen Erfolg mit der Arbeit und dem Kennenlernen der Möglichkeiten.

F

 Lies weiter bei A.

Du arbeitest, verdienst, sparst, legst Geld an und arrangierst dein Leben so, dass du mit einem bestimmten Alter sagen kannst: Ich habe ausgesorgt. Ich muss nichts mehr verdienen. Ich kann arbeiten, wann ich will und was ich will, aber ich muss es nicht einmal tun, um meine Grundkosten zu decken (und die Dinge rundherum, die das Leben angenehmer und bunter machen, kannst du dir leisten). Du nimmst dazu Jahre mit großem Arbeitseinsatz auf dich, wobei die Art der Tätigkeit nicht die größte Rolle spielen muss. Du willst in einem bestimmten Zeitraum die Ziele von wirtschaftlicher Unabhängigkeit erreichen und dein Leben danach so gestalten, wie du es dir wünschst. Der Zeitpunkt des Erreichens dieses Erfolges soll selbstverständlich möglichst lange vor deiner Pensionierung liegen. Von manchen kommt dazu die Ansage: Ich will mit jungen Jahren das Leben voll und frei genießen. Warum nicht? Wenn es dich glücklich macht, dann ist es ein großer Erfolg, dieses Ziel zu erreichen. Du zahlst vielleicht den Preis von einer Zeitspanne, die sich nicht so anfühlt, wie du das gerne hättest, aber der Einsatz ist es dir wert.

Wenn du noch andere Formen des Erfolgs kennenlernen willst, blättere zurück zur Seite 176 und dem Kapitel *ERFOLG GIBT ES IN VIER MODELLEN*. Wähle eine andere Form.

G

 Falls du das nicht willst, dann weiter bei A.

Erfolgreich wirst du dich fühlen, wenn du eines Tages feststellst, dich, dein Talent und deine Interessen voll entfaltet zu haben. Menschen, die sich künstlerisch betätigen wollen – egal ob als SchauspielerIn, MalerIn, DesignerIn, MusikerIn, SängerIn oder DekorateurIn –, wollen mit ihren Fähigkeiten gestalten und Menschen erreichen und begeistern. Jede Form dieses Ausdrucks können sie bereits als Erfolg empfinden, für einige steigert sich das Erfolgsgefühl mit der Größe von Rollen, Auftritten, Ausstellungen oder Aufträgen.

Sich auszudrücken kann aber auch auf Menschen zutreffen, die gestalten wollen: egal ob in der Politik, auf einer leitenden Stelle, in einer Position, wo du planen und entstehen lassen kannst, wenn du gerne organisierst und für dich einen Bereich gefunden hast, wo dein Organisationstalent voll zur Geltung kommt. Zu deinem Erfolgsgefühl wird sich dann noch ein Gefühl der Erfüllung gesellen oder die Folge davon sein.

 Lies weiter bei D.

Vielleicht gehörst du zu den Menschen, die unter Erfolg Einkommen oder hohe Positionen nur sehr bedingt sehen. Vorrangig ist für diese Leute wichtig, in einer Umgebung zu arbeiten, in der sie sich wohlfühlen, finanzielle Sicherheit haben und Tage erleben, die gut geregelt ablaufen.

Erfolg ist nicht immer gleichbedeutend mit Kampf, Energieaufwand, Problembewältigung und Durchsetzung. Es kann ein mehr als befriedigendes Gefühl geben, eine Position einzunehmen, in der du dich zu Hause fühlst und in der rund um dich viele Faktoren gegeben sind, die du zu deinem Wohlbefinden brauchst.

Vielleicht nimmst du ein geringeres Einkommen in Kauf, möglicherweise geht deine Karriereleiter nicht steil nach oben, aber das alles spielt für dich keine große Rolle. Du hast es geschafft, dir eine Stellung oder vielleicht sogar deinen eigenen, kleinen Betrieb zu schaffen, und das meiste entspricht deinen Vorstellungen. Andere mögen dich als bequem ansehen oder als zu wenig ambitioniert, aber das spielt für dich keine Rolle, da du die Eckpfeiler deines Lebens definiert hast und den Kreuzungspunkt der Diagonalen kennst. Dort stehst du sicher und mit beiden Beinen fest auf dem Boden.

 Lies weiter bei A.

ZWEI FEINDE DEINES ERFOLGES

1. DIE MEINUNG DER ANDEREN

Für deinen Erfolg ist deine persönliche Sicht und Definition, was du als Erfolg empfindest, die wichtigste Größe.

Die Meinung anderer Leute, was als Erfolg bezeichnet werden kann und was dein Erfolg sein sollte, ist ein Killer. Du kannst dich krumm rackern, viel Geld und eine hohe Position erreichen, und trotzdem wird jemand kommen und erklären, dass »richtiger« Erfolg etwas anderes sei.

Menschen, die uns nahe stehen, wie Eltern, Verwandte und LebenspartnerInnen, können Erfolgsverstärker oder Erfolgskiller sein. Die Erwartungen, die sie in dich setzen, müssen nichts damit zu tun haben, was für dich das Befriedigendste und Beste wäre. Manchmal geht es um die eigenen – oft unerfüllten – Wünsche.

Eltern, die in ihrem Leben nicht den erträumten Erfolg erreicht haben, projizieren in ihre Kinder immer wieder die eigenen Vorstellungen, selbst wenn sie den Wünschen der Söhne und Töchter entgegenlaufen.

Es ist wichtig zu unterscheiden, was ein konstruktiver Rat ist, der dich auf deinem Weg weiterbringt, oder eine Meinung, die mit dir als arbeitendem Menschen wenig zu tun hat, sehr wohl aber mit der Person, die den Rat gibt. Wenn du dich erfolgreich fühlst und sagen kannst, dass

dein berufliches Leben wie Gehen in sehr guten Skischuhen ist, dann bitte lass dir keine Sandalen, Lackschuhe oder
Wanderschuhe einreden, wenn du sie nicht willst.

Den Vergleich mit den Skischuhen habe ich gewählt, weil
das Gehen darin mit heutigen Modellen immer leichter und
bequemer möglich ist, aber trotzdem noch anstrengend und
umständlich sein kann.

Arbeit ist genauso. Wer sie ernst nimmt, wird nicht
schlendern wie mit Flipflops am Strand. Doch selbst in Skischuhen kommt man weit. Wenn du die richtige Stelle findest, wo du die Skier anlegen kannst, geht es von dort für
dich wesentlich schneller voran. Ein Berufsweg kann wie
eine Skiwanderung erscheinen: Der Aufstieg ist anstrengend, aber der Gipfel lockt. Ein Teilstück scheint es nur
waagrecht dahinzugehen. Es können Pisten auftauchen, auf
denen du gleiten kannst und die dich auf eine andere Seite des Berges bringen, wo der weitere Aufstieg stattfindet.
Wenn du es an die Spitze geschafft hast, genieße den Aus-
blick und überlege, wie die Wanderung weitergeht.

Mentoren und Mentorinnen sind auf dem Weg zum Erfolg wichtig und können eine Stütze sein. Finde aber im Vorhinein immer heraus, wieso sie dich unterstützen und mit
hilfreichen Informationen ausstatten wollen. Wenn sie ihre
Aufgabe ernst nehmen und sie nicht aus Eitelkeit, sondern
aus einer Berufung erfüllen, so geht es ihnen ausschließlich
um dein persönliches Weiterkommen und deinen eigenen
Weg in einem beruflichen Umfeld, in dem sie sich ausken-

nen. Rechthaberei und Eigeninteressen der MentorInnen können deinen Erfolg hingegen verlangsamen, aufhalten und nachhaltig beschädigen.

Ein Spruch, der dieses Kapitel in aller Kürze zusammenfasst:

Wer nach allen Seiten offen ist,
der ist nicht ganz dicht!

2. VERGLEICH

Ein Kapitel mit der heftigsten und größten Warnung überhaupt. Ich warne dich doppelt und dreifach, weil ich dieses Gift des Vergleichs öfters getrunken habe und selbst heute noch ab und zu davon nasche. Es beruhigt mich zu wissen, dass ich nicht allein bin, dass das Gift auch die größten KünstlerInnen und Köpfe dieser Erde erfolgreich gelockt hat und alle davon nur selten profitiert, dafür aber jede Menge Frustration erlebt haben.

Warnung:
VERGLEICH NACH OBEN
MACHT UNGLÜCKLICH

Wir haben die sehr unnütze Angewohnheit, uns immer nur nach oben zu vergleichen mit anderen, die (scheinbar) mehr haben. Es ist nicht unsere Stärke, zu sehen, welche Erfolge wir schon erreicht haben, und uns nach unten zu vergleichen. Damit meine ich keine Schadenfreude oder Überheblichkeit, sondern einfach die Einsicht, dass wir durch unseren Einsatz eine Stufe des Erfolges, materiell, positionell oder an Erfüllung, erreicht haben, die andere gerne hätten.

Du wirst nicht davon verschont bleiben, dich zu vergleichen. Ich will nicht schwarzsehen, aber Vorsorgen ist besser als Bohren, heißt es doch so schön in einer Zahnpastawerbung. Rechne damit, dass du dich vergleichst, wenn du es nicht ohnehin schon tust, und wenn du dich dabei ertappst, pfeif dich zurück. Rede ein ernstes Wort mit dir, es bleiben zu lassen. Lenke dich ab. Gönne dir etwas, das dich erfreut, und führe dir stattdessen deine Erfolge vor Augen.

Wenn du es trotzdem nicht lassen kannst, dann vergleiche dich wenigstens im Detail. Sieh also nicht nur den Erfolg von anderen, an dem du die Größe deines eigenen Erfolges misst, sondern erforsche den Preis, den die Leute dafür zahlen, ihr Umfeld, ihr Leben, ihre Höhen und Tiefen. Wenn schon, dann stelle das ganze Bild deines Erfolges und deines Lebens dem Erfolg und dem Leben der Menschen gegenüber, die du beneidest.

Empfindest du sie dann noch immer als erfolgreicher als dich? Oder siehst du sie als Leute, die zweifellos sehr viel erreicht haben, die aber ihrem Gesamtleben trotzdem keine höhere Note geben würden als du deinem?

Erfolgsfallen gibt es noch viele weitere.

Die gute Nachricht: Diese Fallen kannst du als Antrieb nutzen und wieder aus ihnen rauskrabbeln und weitermachen. Stärker und besser als zuvor.

Dazu wieder eine Geschichte aus meiner Laufbahn.

MEIN ERFOLG, DER MICH
INS STOLPERN BRACHTE

In meinem Lebenslauf habe ich meine Leidenschaft für das Geschichtenerzählen und Schreiben als Erfolgsfaktor aufgelistet. Für mich hat aber lange Zeit Erfolg bedeutet, »es allen zu zeigen«.

Ich wollte es meinen Schulkameraden zeigen, die mich belächelt hatten, meinem Deutschprofessor, der meine Fähigkeit zu schreiben infrage gestellt hat. Allen, die mich für einen »schlechten Autor« gehalten haben. Meinen KritikerInnen und jedem, der Literatur und Medien für Kinder als die kleinen Geschwister der »wahren« Literatur und des Erwachsenenfernsehens gesehen hat.

Mit ungefähr 35 Jahren hatte ich es geschafft. Meine Bücher und Fernsehproduktionen waren sehr beliebt und ich hatte es »allen gezeigt«. In Österreich und anderen Ländern hatte ich gleichzeitig bis zu acht Bücher unter den Top 10 der Bestsellerliste. Es gab weiterhin Kritik, aber sie wurde weniger und die Stimmen meiner tausenden Leserinnen und Leser, der ZuseherInnen und Familien waren wesentlich lauter.

Ich habe mich gefreut und es hat mich ein Gefühl von Stolz und auch Triumph erfasst. Es ist nichts Schlechtes, »es allen zeigen zu wollen«. Dieses Motiv hatten auch viele andere Menschen, die außergewöhnliche Leistungen erbracht haben in ihrem Leben.

Wenn die Arbeit an diesem Ziel mit Leidenschaft verbunden ist, schätze dich glücklich. Es »allen zeigen zu wollen« kann ein Turboantrieb zum Erfolg sein.

Mit dem Triumph baut sich allerdings ein enormes Hindernis vor dir auf. Bei mir war es jedenfalls so. Ich hatte nun allen bewiesen, dass ich nicht der »süße, niedliche Kinderonkel« war und mit meiner Arbeit sogar ziemlich gut verdienen konnte, aber damit hatte ich mein Erfolgsziel erreicht. In mir ist eine gewisse Leere entstanden und eine Weile war ich orientierungslos. Meine Arbeit, das Schreiben, ging weiter, aber ich musste mir eine neue Definition für Erfolg suchen.

Damals habe ich ihn in der Anerkennung durch Erwachsene gesehen und an meinem »Image« gearbeitet. Dafür habe ich sogar PR-Berater engagiert, die Veranstaltungen organisiert haben, in denen ich JournalistInnen meine »ernsthafte« Seite beweisen konnte. Zu dieser Zeit habe ich für einen Kunstbuchverlag Bücher über Leonardo da Vinci, Michelangelo und Rembrandt geschrieben. Sie richteten sich an Kinder und stellten in einem spannenden Abenteuer die Künstler vor.

In Berlin hat mich eine Journalistin interviewt, die vor der ersten Frage Folgendes gesagt hat: »Bisher habe ich Ihre Bücher für billige Massenware gehalten. Die Kunstbücher aber sind richtig gut, das muss ich Ihnen sagen.« Sie hat mir berichtet, zu ihrer Überraschung bei ihren eigenen Töchtern im Regal gut einen Meter meiner »Massenware« entdeckt zu haben. Die Meinung der Mädchen über meine Bücher war eine völlig andere als die ihrer Mutter. Überzeugt haben sie meine Kunstbücher, wobei sie aber eingestand, sich mit ihren Töchtern sehr ausführlich darüber unterhalten zu haben, was sie an meinen Geschichten so begeistert. Sie hat damals erkannt, dass ich bei Kindern einen Nerv treffe, der meinem jungen Publikum enorm wichtig ist, von Erwachsenen aber nicht eingeschätzt werden kann. Ich bestärke sie in ihrem persönlichen Denken und ihrer Fantasie, ich begeistere sie mit Geschichten, in die sie voll eintauchen können, ich erzähle Abenteuer, die wie eine Fahrt auf der Achterbahn sind, ich gebe ihnen Ferien vom Alltag, ich entführe sie in Welten, in denen sie großen Gefahren begegnen, sich aber gleichzeitig sicher fühlen. Der Anspruch von Erwachsenen ist oft, Kinder sollten »gute Bücher« lesen, in denen sie etwas lernen und in denen die Probleme der Welt erzählt werden. Der »pädagogische« Anspruch macht das Buch empfehlenswert, weil es dem Erwachsenen als wichtig erscheint.

Für mich war diese Ansicht aber immer eine Respektlosigkeit gegenüber Kindern. Erwachsene erhöhen sich und bestimmen, was für Kinder gut oder böse ist. Das mag bei Alltagsgefahren durchaus gerechtfertigt sein, auch, wenn es um Verhaltensregeln im Zusammenleben geht, aber jedes Kind ist eine Persönlichkeit und verdient Geschichten, die berühren und begeistern. Wenn darin kein zerstörerisches Gedankengut verherrlicht wird, kann ein Buch doch nicht »schlecht« sein, weil es Leuten, für die es gar nicht bestimmt ist, so erscheint.

Krimileser werden Liebesromane nicht als schlecht bezeichnen, höchstens als wenig interessant für sie selbst.

Rückblickend kann ich mich und mein Erfolgsziel von Akzeptanz, Respekt und Wertschätzung durch Erwachsene verstehen. Aber ich habe im falschen Teich gefischt und das Meer an Anerkennung durch meine jungen LeserInnen und ZuseherInnen nicht genug geschätzt. Statt mich am Erfolg zu erfreuen, der mich umgeben hat, habe ich für mich Erfolg als etwas definiert, das ich selbst praktisch nicht beeinflussen kann. Ich kann KritikerInnen und Meinungsträger nicht zwingen, mich »gut« zu finden. Vor allem aber ist es Betrug an meinen LeserInnen, wenn ich mich so verbiege und so schreibe, dass es Erwachsenen als »gut« erscheint, während es Kinder und Jugendliche als belehrend empfinden.

Es war eine Erleichterung, als ich das eingesehen habe. Das Beste an der Sache: Die Anerkennung und Wertschätzung, die ich mir gewünscht habe, ist eingetroffen, als ich nicht mehr danach geschielt habe, sondern einfach innovative Sendungen und Geschichten entworfen habe mit dem Ziel, mein Publikum zu begeistern. Das ist und bleibt meine größte Kraft und wenn ich mich nur darauf konzentriere, dann stellt sich Erfolg ein: außen, also in der Wirkung meiner Bücher und Produktionen, und in mir als Befriedigung über meine Geschichten und über Reaktionen des jungen Publikums.

Erfolg er-folgt, wenn du etwas besser tust als andere und Produkte oder Leistungen schaffst, die Menschen möchten, weil sie ihr Leben erleichtern oder bereichern.

Wieder ein Spruch, der im Original so lautet: Der Wurm muss dem Fisch schmecken und nicht dem Angler.

Im Falle von Erfolg ist es ein wichtiger Entscheid, Würmer zu züchten, die Fischen schmecken und die du verantworten kannst. Über diese Würmer mögen andere die Nase rümpfen, aber das muss dir egal sein. Für diese Leute sind die Würmer nicht bestimmt. Hängst du das an die Angel, was deine KritikerInnen gerne sehen wollen, wirst du vielleicht ihr wohlwollendes Nicken bekommen, aber keine Fische mehr fangen.

SCHRITT 6

LERNE DEINE ZIELE
KENNEN UND WIE DU SIE
AM SCHNELLSTEN
ERREICHEN KANNST

HAARSCHARF IST
AUCH DANEBEN

Ziele sind klar definierte Ereignisse.

Was - soll - wann geschafft sein?

Je klarer die Definition, desto genauer wirst du wissen, wann dein Ziel erreicht ist.

Ist das Ziel mit Lust und Begeisterung geladen, wirst du die Schritte dafür wesentlich lieber und leichter auf dich nehmen, als wenn es sich um eine »Notwendigkeit« handelt. Allerdings kannst du eine Notwendigkeit mit einem kleinen Trick und einem Perspektivenwechsel zu einem wesentlich interessanteren Ziel machen.

Genug graue Theorie, hier die Praxis am Beispiel des Einkaufens für das tägliche Leben:

»Einkaufen gehen« ist kein Ziel, sondern ein Vorhaben.

»Wochenendeinkauf bis Freitagabend erledigen« ist als Ziel klarer beschrieben.

»Alle Lebensmittel der Liste für das Wochenende bis Freitag um 19 Uhr zu Hause haben« ist schon wesentlich präziser.

Dieses Ziel braucht einige Schritte, wie Nachforschungen, Besprechungen darüber, was gekocht werden soll, und das Erstellen einer Einkaufsliste. Es folgt der Weg zum Markt, Supermarkt oder Laden, wo alles besorgt wird, oder die Bestellung online.

Sind die Lebensmittel um 19 Uhr am Freitag in der Küche (oder wo du sie sonst aufbewahrst), so ist das Ziel erreicht.

Den wöchentlichen Einkauf zu machen erscheint dir vielleicht nicht als Ziel, das dir ein Erfolgsgefühl bescheren wird. Handelt es sich nicht eher um eine Notwendigkeit?

Natürlich ist es notwendig, Lebensmittel zu besorgen, weil du sonst weder kochen noch essen kannst. Du hast die Möglichkeit, diese Tätigkeit seufzend und missmutig zu erledigen und dich darüber zu beschweren, dass du schon wieder einkaufen musst. Zu Hause kannst du an die Einkaufstaschen Tritte verteilen, weil sie wieder so schwer sind.

ODER:

Du entscheidest dich für ein größeres Ziel. Es kann lauten:

ICH WILL EIN ANGENEHMES, FREUDIGES UND GESUNDES LEBEN FÜHREN.

Das Besorgen von Lebensmitteln gehört dazu. Damit sie dich erfreuen und gesund sind, gilt es gute Quellen zu finden. Vielleicht musst du überhaupt nicht herumlaufen und einkaufen, vielleicht kannst du vieles online bestellen. Es gibt Startups und Initiativen, die Obst und Gemüse anbieten, biologisch angebaut, ohne Schädlingsbekämpfungsmittel. Dort zu bestellen kann dir einige Wege ersparen, Zeit noch dazu, du unterstützt die Arbeit von Menschen, die etwas verändern und verbessern wollen und faire Bezahlung garantieren.

Das Einkaufen bleibt auch mit dieser Einstellung anstrengend. Da es eine gewisse Routine besitzt, wird es nicht unbedingt der Heuler an Herausforderung sein. Trotzdem wird es dir leichter fallen und definitiv einen Hauch von Freude bereiten.

Dieses Beispiel aus dem Alltag kannst du auf jedes berufliche Ziel umlegen. Du kannst mit diesem Trick selbst (Zwischen-)Ziele, auf die du wenig Lust hast, erfreulicher gestalten und so mit mehr Energie aufladen.

Das Ziel »Studium oder die Ausbildung abschließen« wird wesentlich kräftiger, wenn dein Ziel darüber lautet: »Den Beruf ausüben können, der mich reizt, und endlich darin tätig sein.«

Um ein Ziel zu erreichen, wirst du jede Menge Schritte setzen müssen. Unter der Lupe betrachtet, ist jeder dieser Schritte ein weiteres kleines Ziel. Manche davon werden dir mühsam erscheinen und du wirst von ihrer Notwendigkeit weniger überzeugt sein, trotzdem aber nicht um sie herumkommen. Wenn sie dich zu deinem Ziel führen, das du aus ganzem Herzen erreichen willst, wirst du sie auf dich nehmen.

Geschaffte Ziele sind Erfolg.

Es wird Etappen geben, die sich unangenehm anfühlen und auf die du gut verzichten könntest. Aber sie werden später wichtig sein und sind genauso Erfolge, selbst wenn sie nur klein sind. Jeder Erfolg wird dir mehr Selbstsicherheit bringen.

Wenn du Motivation für Schritte brauchst, halte dir immer dein großes Ziel vor Augen. Wenn du unterwegs müde wirst, habe am besten eine Liste der Teilerfolge, die du schon geschafft hast, um dich aufzumuntern.

Erfolg hat viel mit der inneren Energie zu tun, die du gestalten kannst.

WIESO ZIELE NICHT
IMMER BELIEBT SIND

Wenn du festsetzt, was du erreichen willst, und jede Zielerreichung Erfolg ist, so bestimmst du damit auch, was das
Gegenteil ist, nämlich Erfolglosigkeit. Wer weiß, welche Art
von Erfolg sie/er will und es laut ausspricht, der gibt sich
die Blöße, von anderen eines Tages vielleicht als »wenig erfolgreich« bezeichnet zu werden.

Trotzdem lohnt es sich, voll und ganz ein oder mehrere
große Ziele festzusetzen, die du mit Zwischenzielen erreichen
willst und kannst. Der Lohn für deine Klarheit ist Gewissheit
über die Richtung, in die du gehen willst. Du wirst nicht nach
Schweden fahren, wenn du eine italienische Stadt besuchen
möchtest. Die Richtung gibt Möglichkeiten und Kraft.

Wieder ein Spruch:

Ein bisschen schwanger gibt es nicht.

Du musst mit deinen Zielen schwanger sein und die Erreichung ist die Geburt. So wie jede Mutter sich selbst und ihr
Zuhause für die Ankunft des Nachwuchses vorbereitet, wirst
du es auch tun, um dein Ziel erfolgreich zur Welt zu bringen.
Schwangerschaften sind ein großes Erlebnis, gleichzeitig be-
gleitet von Komplikationen und Unannehmlichkeiten. Eine
Mutter nimmt alles auf sich, weil sie ein Kind gebären will.
Sogar die Schmerzen der Geburt sind es ihr wert, weil sie
dann endlich das Baby in den Armen halten kann.

Dein Ziel ist wie ein Baby.

Wenn auf dem Weg zur Zielerreichung Probleme auftreten, wirst du sie bewältigen. Bei Auftreten der Morgenübelkeit in der Schwangerschaft wird eine Mutter nicht aufgeben, sondern durch diese unangenehme Phase durchgehen. Du musst vielleicht den Kurs deines Weges etwas abändern, aber mit dem großen Ziel vor Augen wirst du die beste neue Richtung und Strecke bestimmen.

Bergsteigen und Erfolg anstreben haben ebenfalls viel gemeinsam: Wenn du unten startest und nach oben blickst, mag dir der Gipfel sehr hoch und weit entfernt erscheinen. Es können Zweifel aufkommen, ob du genug Kraft hast. Wenn du aber fest entschlossen bist, die Spitze zu erreichen, und dich darauf nach bestem Wissen und Gewissen vorbereitet hast (also viel trainiert hast), so beginnst du mit dem Klettern. Sicherungsseile können dein Leben retten. Aufmerksames und genaues Prüfen jedes Griffs und jedes Tritts sind entscheidend. Geht es auf dem direkten Weg nicht weiter, musst du eine Lösung finden, die nahe liegen kann, manchmal aber waagerecht eine längere Strecke zur Seite führt. Du hast den Eindruck, dem Gipfel nicht näherzukommen, sondern dich sogar zu entfernen. Schließlich aber siehst du über dir Felsen, nach denen du greifen kannst und die den weiteren Aufstieg möglich machen. Der Umweg hat sich gelohnt.

Kletterer rasen Felswände nicht einfach hinauf. Schon gar nicht Felswände, die sie zum ersten Mal bezwingen.

Zwischendurch legen sie kleine Pausen ein und sammeln neue Kraft. Vor allem aber achten sie darauf, vor dem Setzen des Fußes und dem Tasten nach dem Halt in einer Felsritze Fehler auszuschließen und die bestmögliche Entscheidung zu treffen.

Stück für Stück geht es nach oben. Der Aufstieg ist anstrengend, doch das Gefühl, auf dem Gipfel zu stehen, ist einem Bergsteiger alle Mühe wert.

Vielleicht hast du schon einmal von der »**S.M.A.R.T.**«-Regel für Ziele gehört. Sie ist das, was der Name aussagt: smart. Das deutsche Wort dafür klingt nicht so gut und wäre wohl »pfiffig«.

S.M.A.R.T. sagt, jedes Ziel muss für dich spezifisch, messbar, attraktiv, realistisch, terminlich festgelegt sein. Auf diese Kriterien prüfe deine Ziele. **S.M.A.R.T.** ist eine Art ISO-Norm für Ziele, übrigens in allen Lebensbereichen, egal ob beruflich oder privat.

Lernen für Prüfungen ist ein gutes Beispiel für **S.M.A.R.T.**, für Erfolg und das Bewältigen der Hindernisse, die sich entgegenstellen. Diese Hindernisse heißen Zweifel, Müdigkeit, Antriebslosigkeit und Verzweiflung, weil der Weg so weit erscheint und das Zielerreichen mehr oder weniger unmöglich.

Ich werde von SchülerInnen und StudentInnen in Prüfungsphasen oft um Rat gebeten, da sie mit dem Lernen nicht weiterkommen oder ihnen die Motivation abhanden gekommen ist. Meine Tipps:

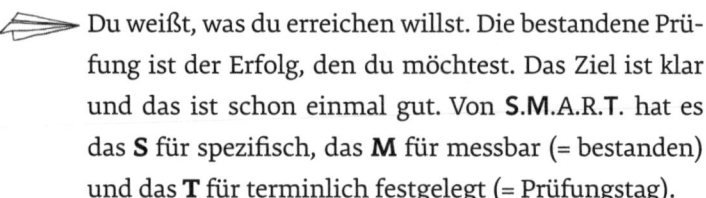 Du weißt, was du erreichen willst. Die bestandene Prüfung ist der Erfolg, den du möchtest. Das Ziel ist klar und das ist schon einmal gut. Von **S.M.A.R.T.** hat es das **S** für spezifisch, das **M** für messbar (= bestanden) und das **T** für terminlich festgelegt (= Prüfungstag).

Wenn der Weg, in welchem Stadium des Lernens auch immer, zu schwierig und mühsam erscheint, denke an das Ziel. Du willst es doch schaffen. Du willst weiterkommen und den Erfolg feiern. Schließe die Augen und stelle dir vor, wie du dich fühlen wirst, wenn du erfährst, bestanden zu haben. Beschließe, wen du als Erstes anrufen wirst. Gib dich diesem Tagtraum hin, denn dieser vorgestellte Erfolg ist eine Kraftquelle. So bekommst du das **A** von S.M.A.R.T. Dein Ziel wird attraktiv.

Du brauchst unterwegs beim Lernen viele Teilerfolge. Sie werden dich mutig und fröhlich machen, bei der Stange halten und die Anstrengung erleichtern. Den gesamten Prüfungsstoff als Berg vor dir zu sehen, ist niederschmetternd. Selbst wenn du an einem Tag zehn Seiten lernen konntest, kann sich das als Versagen anfühlen, wenn du noch an die vielen weiteren Seiten denkst, die du in deinen Kopf bekommen sollst.

➤ Die Lösung: Definiere deinen Tageserfolg. Nimm den gesamten Stoff, teile ihn auf in tägliche Portionen, damit du zum Beispiel eine Woche vor der Prüfung alles durchgenommen und vielleicht auch wiederholt hast. Die sieben Tage Reserve geben Beruhigung, falls du an einem Tag nicht so gut weiterkommst oder kurz krank bist.

➤ Wenn du für jeden Tag und jede Woche festlegen kannst, was du schaffen willst, und es schriftlich vor dir hast, kennst du deinen Weg zum Erfolg, der von vielen Etappensiegen gepflastert ist. Das ist das **R** von S.M.A.**R**.T. Diese Etappen müssen realistisch sein.

➤ Wenn du ein Tagesziel nicht erreichst, würde ich das nie als Misserfolg bezeichnen. Es ist an diesem Tag eben nicht so gut gelaufen. Ergründe, was die Ursachen sein können und wie du es am nächsten Tag besser machen kannst. Erstelle einen Plan, wie du aufholst. Schon geht es weiter.

➤ Wenn der nächste Tag gut läuft und du das Tagesziel erreicht hast, gibt es einen Grund zu feiern.

Das mit dem Feiern meine ich sehr ernst. Erfolg sollte nie als selbstverständlich oder nebensächlich gesehen werden. Feiere, wenn du etwas geschafft hast. Damit meine ich kein

Besäufnis, aber schon ein richtig zufriedenes »Jaaa!« samt entsprechendem freudigen In-die-Luft-Boxen gibt deinem Tageserfolg die Wertigkeit, die er verdient.

Den Weg, den ich für das Lernen beschrieben habe, kannst du auf viele andere Projekte anwenden. Im guten Projektmanagement wird das gemacht. Was ich aber noch einmal betonen möchte: Freue dich über jeden Erfolg, den du erringst. Sei dein Coach zum Thema Selbstvertrauen und Wertschätzung deiner Person.

Wichtig:

Ziele, die dir nichts bedeuten, werden nie als Erfolg empfunden werden. Einem Ziel muss ein tiefer Wunsch in deinem Inneren zugrunde liegen.

Ich gestehe an dieser Stelle ein, dass es ein Ziel für mich ist, in meinem Leben noch mindestens einen Weltbestseller zu schreiben. Darunter verstehe ich ein Buch, das hunderttausende, am besten Millionen Menschen in vielen Ländern erreicht.

Wieso ich mir nicht als Ziel setze, exakt 2,2 Millionen Menschen zu erreichen, liegt daran, dass es vielleicht noch viel mehr sein können. Ein Weltbestseller ist ein Buch, das über viele Grenzen geht und eine so breite Leserschaft erreicht, wie es nur die wenigsten Bücher schaffen. Geplante und konstruierte Bestseller gibt es nicht. Sehr oft schießen Bücher auf den Bestsellerlisten und in den Verkäufen in die Höhe, von denen es keiner vermutet hat.

Um mein Ziel zu erreichen, ist es wichtig, einfach locker und voller Begeisterung zu bleiben. Selbstverständlich behalte ich mein Publikum im Auge, ich stelle mir vor, ihnen die Geschichte zu erzählen, und muss das Gefühl haben, dass sie begeistert und gespannt zuhören. Ich gebe mein Bestes und visualisiere das Ziel mit all den freudigen Gefühlen, die damit verbunden sind. Dazu suche ich mir Leute wie Agenten und Verleger, die ebenfalls den Wunsch und den Willen zu einem so großen Erfolg besitzen, ohne sich zu verkrampfen, und die ihr Handwerk verstehen. Ich bin immer so gut wie die Menschen, mit denen ich mich umgebe und mit denen ich zusammenarbeite, wenn ich ein Ziel nicht allein erreichen kann.

Werden wir dieses Ziel erreichen? Ich werde alles daransetzen, was ich dafür tun kann, und das ist schlicht und einfach schreiben.

In meinem bisherigen Autorenleben ist es mir einige Male gelungen. Der große Erfolg hat sich in Ländern und mit Büchern eingestellt, von denen ich es nie vermutet hätte. Zum Beispiel in China.

Als ich die Buchserie *EIN FALL FÜR DICH UND DAS TIGER-TEAM* geschrieben habe, hatte ich immer begeisterte Kinder vor Augen, die diese interaktiven Krimis lösen. Die Bücher sollten wie kleine Detektivbüros sein, Dinge beigelegt bekommen, die zur Lösung nötig waren, wie Karten, Tickets oder Beweisstücke, dazu einen Decoder, der verschlüsselte Botschaften wie magisch sichtbar werden lassen kann. Kinder, die bisher kaum oder nicht gelesen haben, sollten mit diesen Büchern Anreiz finden.

Die Idee ist aufgegangen. Das Wichtigste, was ich persönlich tun konnte, war zu schreiben, zu gestalten und meine Vision im Verlag zu vertreten. Es war damals ein sehr neues Produkt, ein ungewöhnliches Buchprojekt und die Zusammenarbeit aller Beteiligten, von mir als Autor zum Illustrator, vom Layouter bis zu den Einkäufern, musste wie ein Uhrwerk zusammenwirken.

In China waren die Bücher rund um das TIGER-TEAM die richtigen Geschichten zur richtigen Zeit. Krimis als Kinderbücher waren neu, chinesische Kinder haben sich emanzipiert und in den drei Mitgliedern des Tiger-Teams Vorbilder in Sachen Eigenständigkeit gesehen. Die Gimmicks der Bücher und besonders der Decoder waren ein Hit, der auch Erwachsene begeistert hat. Die chinesische Ausgabe zählt zu den schönsten der Welt, verantwortlich ist dafür eine Verlegerin, deren Energie und Einfallsreichtum in der Gestaltung unerschöpflich schienen.

Kein Buch habe ich vergeblich geschrieben. Manche waren aus heutiger Sicht nicht so gut, auf andere bin ich sehr stolz. Wie erwähnt ist der Erfolg der Verkäufe selten zu erahnen und immer wieder ein großer Spannungsmoment. Aber selbst aus Büchern, die weniger Anklang gefunden haben, konnte ich einiges lernen und oft sind diese Erkenntnisse wichtige Bestandteile des Erfolges späterer Werke geworden.

Falls ich bis zu meinem Tod keinen weiteren Weltbestseller geschafft habe, werden vielleicht Menschen, denen ich nicht so sympathisch bin, grinsen und sich an diesem scheinbaren Misserfolg erfreuen. Das tut keiner öffentlich, aber heimlich denken es einige. Allerdings werde ich mit einem Lächeln von dieser Welt gehen. Ich werde mich nicht mit dem Vorwurf quälen: »Hätte ich es doch nur versucht...«

Ich habe es versucht. Versuchen ist besser als nur davon zu träumen oder zu reden.

Ich werde vielleicht denken: Schade, es wäre wirklich schön gewesen, wenn ich noch so einen Weltbestseller geschrieben hätte. Es wollte nicht sein, aber ich bin unendlich dankbar für all die anderen Erfolge in meinem Leben. Mein Leben war erfolgreich, weil ich getan habe, was ich tun wollte, und darüber hinaus sogar noch mehr, weil vieles auf mich zugekommen ist, mit dem ich in meinen kühnsten Träumen nicht gerechnet hätte. Es gäbe noch vieles, was ich vorgehabt hätte, aber leider hat auch der Tag für mich nur 24 Stunden.

Der große Leonardo da Vinci, ein Visionär, der schon vor 500 Jahren die Idee zum Helikopter hatte, der Maler, der das berühmteste Bild der Welt, die Mona Lisa, gemalt hat, ein Mann, der sein ganzes Leben lang neugierig und erfinderisch war, hat an seinem Totenbett zum französischen König gesagt: »Ich kann noch nicht sterben, Majestät, ich habe in meinem Leben noch nichts geschafft.«

Die Fakten sprechen eine andere Sprache, aber Leonardo war so voller Ideen, dass ihm sein großartiges Werk im Vergleich dazu klein erschienen ist.

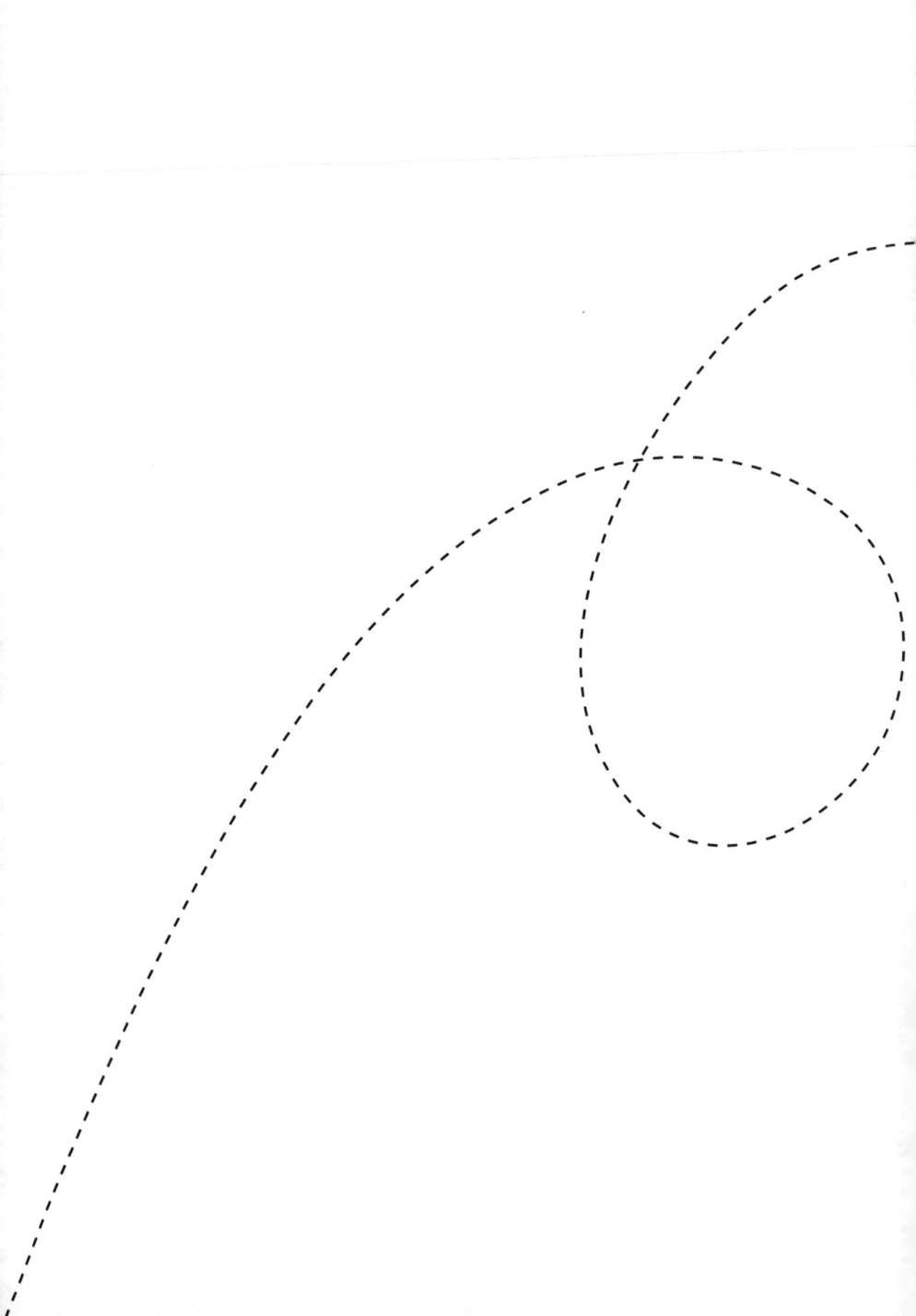

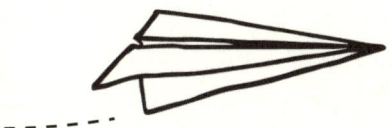

SCHRITT 7

ERKENNE GEFAHREN, STOLPERSTEINE UND FALLEN UND SETZE SIE ZU DEINEM NUTZEN EIN

Das Abenteuer-Erfolgs-Spiel

Stell dir vor...

Auf deinem Weg zum Erfolg wirst du immer wieder auf Situationen stoßen, die ein großes Fragezeichen vor dir tanzen lassen.

Wähle aus, was du tun würdest, und sieh dann, was deine Reaktion oder deine Meinung auslösen und bedeuten kann.

Krise!

Nichts klappt!

Du bist am Verzweifeln. So viel hast du schon probiert, aber es klappt noch immer nicht.

Wann ist der beste Zeitpunkt, um aufzugeben?

 Nie? Lies weiter bei J.

 Wenn Vernunft und der klare Menschenverstand es dir sagen? Lies weiter bei L.

A

Es gibt einen Spruch, der lautet:

Bescheidenheit ist eine Zier,
doch weiter kommt man ohne ihr.

Wenn du dich umsiehst, wirst du jede Menge Leute entdecken, die mit enormem Selbstbewusstsein auftreten, gerne von ihren Erfolgen erzählen und für die nichts eine Schwierigkeit zu sein scheint. Diese Menschen gehen mit einer gewissen Breitbeinigkeit durchs Leben und können auch laut erscheinen.

Überheblichkeit ist meist ein Ausdruck ihrer Unsicherheit, die sie damit zu überdecken versuchen. Es gibt auch Fälle, in denen Menschen Überheblichkeit einsetzen, um sich selbst Mut zu machen für eine Tätigkeit, die ihnen noch nicht zugetraut wird von anderen.

Hand aufs Herz: Magst du überhebliche KollegInnen oder Vorgesetzte? Fühlst du dich in ihrer Gegenwart wohl? Willst du auch so erscheinen?

Diese Frage musst du für dich beantworten und es kann durchaus sein, dass du ein forsches und übertrieben selbstbewusstes Auftreten gutheißt, vielleicht sogar zu deinem Stil erklärst.

Das ist deine persönliche Entscheidung auf dem Weg zum Erfolg. Du kannst damit bis ins Weiße Haus in Washington an die Spitze der USA kommen, wie

B

uns die jüngste Geschichte zeigt. Wenn du Erfolg in Vermögen und Macht misst, hat dieser Mann, dessen Namen ich nicht einmal aufschreiben mag, es weit gebracht. Er hat seine AnhängerInnen, die ihm zujubeln, mindestens ebenso viele, wenn nicht noch mehr Gegner, die über sein Auftreten und seine Entscheidungen entsetzt sind. In einigen Jahren werden wir wissen, wie die Geschichte über ihn reden wird.

Vor allem, wenn du selbst eher zu den zurückhaltenden Menschen zählst, kann es dir vorkommen, als wäre der steilste und schnellste Weg nach oben durch lautes Auftreten und große Versprechungen. Es kann einschüchternd sein, diesen tönenden Leuten zuzuhören und ich selbst habe auch einige Male den Eindruck gewonnen, mit meiner ruhigeren Art falsch zu liegen.

Heute weiß ich, dass es nicht so ist. Es ist keine Regel, aber eine Beobachtung, dass viele überhebliche Leute einen Abstieg erleben, der etwa so steil und schnell ist wie ihr Aufstieg. Manche fallen dabei gehörig auf den Mund. Leider ist das eben keine Regel. Einige dieser Leute überspringen auf ihrer Laufbahn lange Warteschlangen, wenn es um Positionen geht, und erreichen auf den ersten Blick mehr als Leute, die ruhiger arbeiten. Sie halten sich ziemlich lange Zeit in ziemlich hohen Positionen.

B

Allerdings gibt es mindestens dreimal so viele überhebliche Menschen, die schon viel früher auf der Strecke stecken bleiben. Ihre Übertreibungen und Angebereien sind durchschaubar. Manchmal dauert es, aber es geschieht. Ankündigungspolitik ist der vorprogrammierte Absturz, denn irgendwann werden die angekündigten Ergebnisse eingefordert und sind sie nicht vorhanden, wird das Unzufriedenheit bei den AuftraggeberInnen zur Folge haben.

Es liegt mir fern, zu moralisieren und in Schwarz und Weiß, gut und schlecht zu unterteilen. Du musst wissen, wie du dich am wohlsten fühlst und wer du sein willst.

Mir persönlich imponieren am meisten Menschen, die sich lange an der Spitze halten, über die es wenige oder keine Skandale zu erfahren gibt, dafür aber viele Meldungen, was sie alles in die Welt gesetzt und geschaffen haben. Es ist auch sehr interessant, sich den privaten Hintergrund der Menschen anzusehen, soweit etwas darüber bekannt ist. Von Schicksalsschlägen ist leider niemand verschont, aber wie sieht es mit allen Bereichen des Lebens aus, die wir beeinflussen können, wie Partnerschaft, Familie, Interessen und sozialen Einsatz?

Mir erscheint, dass entschlossene, professionelle, dynamische, herzliche Menschen mit hohem Ideenreichtum auf ihrem Gebiet die erfülltesten und erfolgreichsten Leben haben.

B

Da ich mit vielen Leuten zusammenarbeite, sind mir diejenigen, die weniger versprechen und höhere Leistungen bringen, wesentlich lieber als solche, die tönen und angeben und weit hinter dem bleiben, was sie versprochen haben.

Kann Selbstzweifel zu mehr Erfolg führen? Wenn er richtig eingesetzt wird, durchaus.

 Mehr dazu bei M.

Na bestens! Du machst also mit und wirfst alles über Bord, das die Zusammenarbeit und Arbeit überhaupt einfacher macht?

Du spinnst ja wohl!

Wenn deine Kolleginnen und Kollegen es als selbstverständlich erklären, Geld abzuzweigen, wärst du dann auch dabei?
Oder wenn es jemand zum neuen Pausensport erklärt, aus dem Fenster zu springen, wirst du – Hollerei duliö – auch springen?

VERGISS DAS!

 Lies weiter bei F.

C

Naja, es kann geschehen, dass sich dein Gegenüber so verhält wie du. Grundsätzlich würde ich davon aber nicht ausgehen. Freu dich, wenn es so ist. Erwarte aber keinen Gleichklang.

Leider sind Freundlichkeit, gute Umgangsformen, Verlässlichkeit und Pünktlichkeit nicht so ansteckend wie Zorn und Krach. Deine positiven Haltungen werden sich vielleicht nicht immer auf andere übertragen, wohingegen Wut, Schreien, Schimpfen (laut oder nur im Kopf) einige der schrecklichsten Infektionskrankheiten in der Berufswelt darstellen.

 Zu deiner Beruhigung lies weiter bei I.

D

Pausen sind tatsächlich in den allermeisten Fällen die beste Art, voranzukommen.

Machst du Pause, lenkst du dich ab und nicht selten tauchen Ideen und Lösungen wie aus dem Nichts auf. Wie du deine Pausen gestaltest, ist individuell. Es gibt keine Regel. Nur die Wirkung zählt. Du sollst danach leichter, schneller und flüssiger vorankommen.

Ein berühmter Regisseur hat sich zu Mittag immer auf eine Liege gelegt, einen Schlüsselbund in die Hand genommen und ihn seitlich von der Liege hängen lassen. Ein kurzer Mittagsschlaf hat ihn erfrischt, um aber nicht zu tief einzuschlafen, hat er die Schlüssel gehalten. Sie sind im Übergang zum Tiefschlaf aus der Hand gefallen und ihr Geklimper auf dem Boden hat ihn geweckt.

Mein großes Vorbild, der englische Schriftsteller Charles Dickens, der zum Beispiel OLIVER TWIST geschrieben hat, ging jeden Tag an die zwei Stunden durch London. Er hat diese Bewegung gebraucht, um herauszufinden, was und wie er am nächsten Tag weiterschreiben soll. Gehen und Bewegung sind auch für mich ein gutes Pausenprogramm.

Ich gestehe aber gerne ein, um meinen Kopf zu lüften, spiele ich auch Backgammon im Internet. Ich mache mir gerne einen kleinen Espresso oder hole mir Wasser.

E

Es kostet mich viel Überwindung, aufzustehen und Pause zu machen, besonders wenn ich gerade nicht weiterkomme. Der Drang, mich zum Weiterarbeiten zu zwingen, ist groß. Die Erfahrung hat mich aber gelehrt, dass ich am besten und schnellsten vorankomme, wenn ich eine Weile nichts oder etwas völlig anderes tue.

Die Idee, an sechs Tagen zu arbeiten und am siebenten zu ruhen, die schon in der Bibel steht, macht viel Sinn. Erfolg erfordert Einsatz. Wer auf seine Freizeit und die Pausen verzichtet, riskiert jedoch eine immer größere Müdigkeit, die irgendwann eine längere Pause nötig macht.

Es stimmt: Pausen sind der schnellste Weg, um voranzukommen.

Gilt allerdings nicht für Schülerinnen und Schüler, deren Lieblingsfach die Pausen sind ;-)

 Dieses Erfolgsspiel wäre geschafft, weiter geht es mit Erfolgsgesetzen auf Seite 244.

E

Es gibt drei Säulen für ein gedeihliches Miteinander im Beruf und im Privatleben genauso. Auf diesen Säulen steht die Treppe zum Erfolg sehr stabil. Wenn eine Säule fehlt, kann die Treppe ins Wackeln geraten oder sogar kippen. Die Säulen heißen seit hunderten von Jahren:

 Pünktlichkeit
 Genauigkeit (bis ins Detail)
 Verlässlichkeit

Diese Werte und Einstellungen sind die Grundlage für ein Mindestmaß an Respekt und Höflichkeit im Umgang mit anderen und in der Herangehensweise an jedes Projekt.

Was meinst du: Welche Aussage trifft eher zu?

 Wenn ich diese Werte lebe und sie anderen entgegenbringe, schaffe ich eine Schwingung, auf die andere sich ebenfalls einschwingen. Lies weiter bei D.

 Es ist meine Verantwortung und meine Entscheidung, diese Werte zu leben. Es kann mühsam sein, dabei zu bleiben, wenn mein Gegenüber diese Werte nicht besitzt, aber mir geht es damit besser. Lies weiter bei I.

F

Dieser Gedanke stellt sich oft als großer Irrtum heraus. Erfolgreiche Menschen sind nur selten Leute, die sich abrackern. Nichts gegen viel und harte Arbeit, aber alles hat seinen Preis und du bist keine Maschine.

Jeder Muskel braucht Entspannung.

Das Gehirn ist eine Art Denkmuskel. Oft scheinen die Gedanken nicht weiterzugehen. Lernen wird zur Schwerarbeit. Der Stoff will einfach nicht hinein. Du kannst weiter versuchen, ihn reinzupressen, oder du machst eine Pause und schüttelst das Hirn aus.

Lösungen sind nicht zu finden, egal wie angestrengt man nachdenkt. Ideen scheinen alle ausgewandert zu sein und der Kopf fühlt sich an wie eine große Lagerhalle, in die jemand einen Zettel mit der Aufschrift *LEER* gelegt hat.

Pausen sind die Lösung.

 Lies weiter bei E.

Interessant. Ich will deine Entscheidung noch nicht kommentieren. Annehmen kann ich, dass du dich zu den pünktlichen, genauen und verlässlichen Menschen zählst.

Selbst wenn Leute rund um dich anders agieren und damit vielleicht eine Weile sogar vorankommen, bleibst du bei deinen Werten.

Du nimmst in Kauf, belächelt zu werden, wenn du immer pünktlich an deinem Platz bist und Wert darauf legst, alles, was du versprichst, auch einzuhalten. Wenn du also deine Prinzipien hast und auf jedes Detail wert legst. Oft verursacht diese Detailgenauigkeit bei Leuten Stirnrunzeln und Kopfschütteln und wird als nicht nötig, übertrieben und pingelig ausgelegt.

Es sollen Leute aufgrund ihrer Sorgfalt sogar gemobbt oder als unkollegial bezeichnet werden, weil sie die Liebkinder der Chefs sein wollen. Sie verursachen anderen Mehrarbeit und Zeitaufwand.

Kann daran nicht auch etwas dran sein? Sind diese Grundwerte heute nicht veraltet? Haben sie Bedeutung für Erfolg?

H

Wärst du bereit, sie aufzuweichen, weil du dann ein einfacheres Leben mit KollegInnen haben kannst und es sicherlich auch so weit bringen wirst? Dann lies weiter bei K.

 Bleibst du hartnäckig dabei, obwohl du damit Ärger bekommen kannst, vielleicht nicht so beliebt bist und als altmodisch dastehst? Dann lies weiter bei F.

H

Du bist HauptdarstellerIn in deiner Erfolgsgeschichte. Wie wir aus Büchern und Filmen wissen, bedeutet das nicht ein problemfreies Leben für Heldinnen und Helden. Auch wenn wir technischer an unseren Erfolg herantreten, so haben selbst die größten ErfinderInnen jede Menge Misserfolge einstecken müssen, bis zum Beispiel die Glühbirne endlich geleuchtet hat (mehr als 1000 Fehlversuche sollen es gewesen sein). Auch die besten SportlerInnen stürzen oder kommen ins Stolpern.

Trotzdem: Der Star bist du. Daher bestimmst du auch, wer du sein willst und wie du auftreten möchtest. Du setzt deine Grundwerte fest, zu denen unbedingt Pünktlichkeit, Verlässlichkeit und Genauigkeit gehören sollen. Wenn andere davon nicht so viel halten, so ist das ihre Sache. Du bleibst dabei. Du änderst deswegen nicht deine Rolle.

Filmhelden sind gute Vorbilder: James Bond würde nie seinen Stil ändern, selbst wenn ihm Gauner mit Metallzähnen das Leben zur Hölle machen, er beschimpft und gereizt wird. Bei den SuperheldInnen der Comicverfilmungen ist es doch auch so. Sie können straucheln und in die schlimmsten Fallen tappen, aber sie bleiben sich treu und das bringt sie am Ende ans Ziel.

Pünktlichkeit ist die Höflichkeit der Könige, heißt eine Redensart.

Verlässlichkeit macht deinen AuftraggeberInnen und deinen ArbeitgeberInnen das Leben ungeheuer leichter. Ergebnissen nicht nachlaufen zu müssen, sondern darauf vertrauen zu können, dass sie zeitgerecht geliefert werden, ist eine Qualität in der Zusammenarbeit, die dich für Beförderungen qualifiziert.

Wer willst du sein? Diese Haltungen und Eigenschaften sollten auf jeden Fall in deinem Programm stehen.

Letzte Frage:

Was fällt dir ein, wenn du das Wort Pause hörst?

Pausen...

 ...sind der schnellste Weg, um voranzukommen. Wenn dir diese Erklärung eingefallen ist, lies weiter bei E.

 ...sind bei erfolgreichen Leuten immer möglichst kurz. Wenn du das denkst, lies weiter bei G.

Niemals aufzugeben ist die einzig richtige Einstellung, wenn du Erfolg haben willst. Aufgeben bedeutet, deine Arbeit als einen Fehler, ein Versagen, eine Niederlage zu sehen. Selbst wenn du vom heutigen Standpunkt aus die offenbar dümmsten Entscheidungen getroffen hast, die zur Auswahl standen, wirst du nur dann zum Verlierer, wenn du aufgibst.

Die Alternative ist allerdings auch nicht, mit voller Geschwindigkeit gegen die Wand zu fahren (bildlich gesprochen natürlich) oder mit sehenden Augen in den Konkurs zu rasseln. Das ist damit nicht gemeint.

Niemals aufzugeben bedeutet:

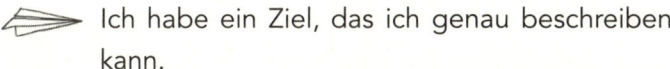 Ich habe ein Ziel, das ich genau beschreiben kann.

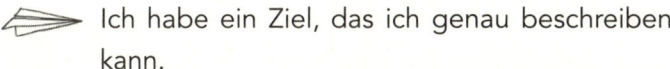 Ich habe mich entschlossen, bestimmte Prozesse zu starten und einen Weg zu gehen, weil ich denke, auf diese Weise das Ziel zu erreichen.

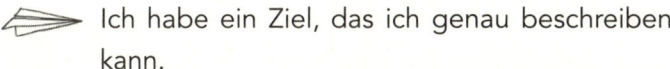 Leider hat sich herausgestellt, dass meine bisherigen Aktivitäten mir nicht den gewünschten Erfolg gebracht haben. Wenn ich sie nicht wissentlich und willentlich dumm, unverantwortlich und schlecht gesetzt habe, waren sie kein Fehler, aber aus heutiger Sicht sehe ich klarer und besser.

J

Starte diese Untersuchung:

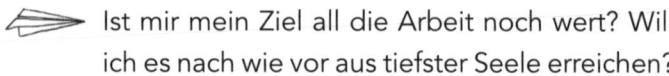 Ist mir mein Ziel all die Arbeit noch wert? Will ich es nach wie vor aus tiefster Seele erreichen?

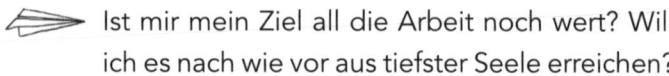 Lautet die Antwort »ja«? Dann stelle dir die nächste Frage: Kann es sein, dass ich an diesem Ziel irgendetwas adaptieren muss? (Das trifft in den seltensten Fällen zu.)

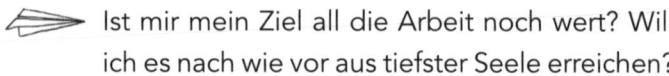 Wenn die Antwort trotzdem »ja« lautet, so nimm die Adaption vor. Danach stelle dir dieselbe Frage, die du dir auch stellst, wenn das Ziel gleich bleiben soll: Wie muss ich meine Vorgehensweise und meine Schritte überarbeiten, damit sie mich ans Ziel bringen?

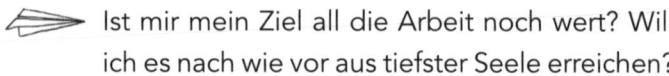 Untersuchen, entscheiden und danach weitergehen.

Selbst wenn du zum Entschluss kommst, dein Ziel fallenzulassen, bezeichne es nie als »aufgeben«. Damit schwächst du dich und deine Arbeit für die Zukunft. Du kannst die Entscheidung treffen, dass dir das Ziel die Arbeit nicht wert ist. Oder dass du es einfach nicht mehr so interessant findest. Deine Tätigkeit der letzten Zeit war auf jeden Fall eine wichtige Erfahrung.

J

Suche dir ein neues Ziel und dann geht es von vorne los.

Der Erfolg liegt in vielen Fällen nur einmal um die Ecke nach dem Aufgeben. Daher ist deine Entscheidung, niemals aufzugeben, goldrichtig.
Womit bringst du es eher zum Erfolg?

 Überheblichkeit? Lies weiter bei B.

 Selbstzweifel? Lies weiter bei M.

J

He, lass dich doch nicht verwirren und aus der Bahn werfen.

Ich behaupte, dass Pünktlichkeit, Genauigkeit, Verlässlichkeit und Liebe zum Detail Eigenschaften sind, die die Grundlage für Erfolg bilden. Ausnahmen bestätigen vielleicht kurz die Regel, aber nicht auf Dauer. Deine Grundsätze sind das Wichtigste. Die oben genannten Eigenschaften sind alle hilfreich, rücksichtsvoll, höflich und taktvoll. Daran kann nie und nimmer etwas falsch sein.

Wer sich nicht daran halten will und meint, ohne auszukommen, der ist nicht moderner oder mutiger als du, sondern einfach schlecht erzogen und stillos.

 Lies weiter bei F.

Vernunft ist laut Definition: Man versteht darunter die geistige Fähigkeit des Menschen, Einsichten zu gewinnen, sich ein Urteil zu bilden, die Zusammenhänge und die Ordnung des Wahrgenommenen zu erkennen und sich in Folge in seinem Handeln danach zu richten.

Klingt doch einleuchtend. Wenn du Ziele festgelegt hast und verfolgst, kann ein Punkt kommen, an dem du nicht weiterkommst. Du gewinnst, wie in der Definition von Vernunft, Einsichten, dass die Schritte, die du gesetzt hast, nicht funktioniert haben. Oder du fällst das Urteil, dein Ziel ist für dich nie zu erreichen.

Du analysierst gewissenhaft, wie deine Arbeit und das Ziel in Verbindung stehen, du weißt nun, dass deine Vorgehensweise einfach nicht die Fortschritte gebracht hat, die du möchtest, und/oder du ein Ziel ausgewählt hast, das zu weit entfernt ist, zu hoch sein kann oder aus anderen Gründen unrealistisch ist.

Dein Handeln, so sagt doch der kluge Menschenverstand, war falsch und deshalb beendest du es. Du gibst auf. Das ist eine enttäuschende Erfahrung, sie wird dir wehtun, du wirst traurig sein, aber wir Menschen haben die Fähigkeit, über alle diese Niederlagen hinwegzukommen.

Aufgeben ist etwas, das manche Leute nicht können, und es ist eine große Schwäche. Man muss erkennen, wann Schluss ist.

L

Kannst du diesen Ausführungen und Überlegungen folgen? Stimmst du ihnen zu?

Ich muss dir etwas gestehen: Ich meine sie nicht ernst. Jedenfalls nicht, wenn sie zur Folge haben, dass du das sprichwörtliche Handtuch wirfst. Vernunft, Hausverstand und andere Arten, eine Sache zu betrachten, sind durchaus nützlich und ich finde nicht, dass die Alternative darin besteht, unvernünftig und unverantwortlich zu agieren. Trotzdem sind diese Betrachtungsweisen nur ein Hilfsmittel, um das zu tun, was alle erfolgreichen Menschen dieser Erde sagen:

GIB NIE AUF!

Noch einmal: Es ist erwiesen, dass viele Menschen bildlich gesprochen fünf Minuten vor dem Erfolg aufgeben. Hätten sie nur etwas länger durchgehalten, wären sie dort angekommen, wo sie gerne hinwollen, sie hätten erreicht, wofür sie so lange gearbeitet haben.

 Lies weiter bei J.

Selbstzweifel sind ungefähr so widerlich, hinderlich, grausam, quälend und schmerzhaft wie ein langer Nagel, den du dir in die nackte Fußsohle eingetreten hast.

Kein Mensch will Selbstzweifel haben. Viele kämpfen dagegen an und ähnlich wie die Angst werden diese widerlichen Zweifel nicht kleiner, sondern wachsen dadurch auch noch. Sie scheinen sich an unserer Niedergeschlagenheit und an unserem Widerstand zu nähren.

Wieso sollen Selbstzweifel also hilfreich sein, um Erfolg zu erreichen? Ist es nicht viel einfacher, mit Überheblichkeit voranzukommen? Die Welt ist voll von Großmäulern, von denen es eines sogar geschafft hat, Präsident der USA zu werden.

Wenn du mehr über die Vor- und Nachteile von Überheblichkeit wissen willst, lies bei B nach und kehre dann hierher zurück.

Meine persönliche Erfahrung mit Selbstzweifeln ist langjährig und intensiv. Nachdem ich mehr als 570 Bücher geschrieben und wirklich eine Menge erreicht habe, frage ich mich immer noch, ob ich überhaupt schreiben kann. Die größte Erleichterung habe ich erfahren, als mir andere AutorInnen, MusikerInnen und MalerInnen ebenfalls ihre Zweifel eingestanden haben. Manche haben mehr davon, andere ein bisschen weniger. Auch in Biographien der erfolgreichsten

M

Menschen aus der Geschichte ist immer wieder zu lesen, welche Qualen sie durchmachten, wenn sie nicht an sich glaubten oder ihr Glaube erschüttert wurde.

Daher möchte ich dir wirklich ans Herz legen, deine Selbstzweifel einfach als gegeben, menschlich und nicht wirklich vermeidbar anzusehen. Sie sind da und sie werden sich nicht in Rauch auflösen, wenn du darüber jammerst oder sie wegwünscht.

Allerdings macht es einen großen Unterschied, wie du damit umgehst. Lässt du dich von ihnen niederdrücken wie von einem Felsbrocken, den dir jemand auf die Schultern gelegt hat? Machen die Selbstzweifel deine Lider schwer wie Blei und du lässt das zu? Bringen dich diese Zweifel dazu, aufzugeben?

Das wäre wirklich eine Niederlage für dich. Selbstzweifel werden dich vielleicht verlangsamen, aber sie dürfen dich nicht aufhalten. Eine Möglichkeit, das zu verhindern, besteht darin, sie zu akzeptieren, wie du die Länge deiner Finger oder deine Schuhgröße akzeptierst.

Damit sie ihre lähmenden Kräfte aber auf dich nur kurzfristig und niemals zu stark ausüben können, sieh dir die Selbstzweifel genauer an. Was wollen sie dir wirklich sagen? Es mag verrückt klingen, aber es hilft, mit ihnen in einen Dialog zu treten.

Zweifel flüstern uns ins Ohr, wir wären nicht gut genug und alle anderen wären besser?

M

Stimmt das? Dann definiere, was gut ist und was besser sein soll. Ist es nicht möglich, mit deinen guten Kenntnissen viel zu erreichen? Brauchst du die besseren dafür? Wenn deine Antwort »ja« sein sollte, dann frage dich, wie du dich verbessern kannst.

Gleich vorweg: In 99 % aller Fälle bist du gut genug, um dich an die Arbeit zu machen.

Hast du bestimmte Leistungen nicht schon öfter erbracht? Aus welchem Grund solltest du es diesmal nicht schaffen?

Wenn du den Zweifel in alle Bestandteile zerlegst, was hast du dann vor dir? Gibt es etwas, das du wirklich noch lernen musst? Oder ist der Zweifel einfach nur da, weil dir jemand als kleines Kind eingeredet hat, du wärst nicht gut genug? Oder sind da Fähigkeiten, die du verbessern kannst? Oder …?

Diese Umwege über Selbstzweifel zu Spitzenleistungen wollen wir uns doch alle ersparen. Das ist sehr verständlich. Leider aber sind Selbstzweifel wie Kletten. Sie hängen an uns fest. Wir können uns aber für eine Weile von ihnen befreien. Ein neuerlicher Befall ist nicht ausgeschlossen. Dann gilt es, die Geduld zu bewahren und die Zweifel wieder zu zerlegen.

Selbstzweifel können aber auch viel Gutes bringen. Etwa Erkenntnisse, wie wir uns verbessern können. Hinzusehen und diese Erkenntnisse zu gewinnen braucht viel Mut, aber es lohnt sich.

M

Noch einmal: Das ist kein Honiglecken. Ich finde auch nicht, dass man Selbstzweifel umarmen sollte und sie willkommen heißen muss, wie in manchen Kursen zu mehr Selbstbewusstsein behauptet wird. Das erscheint mir alles übertrieben und in 30 Jahren Autorendasein habe ich es noch nie geschafft. Es reicht voll und ganz, sie einfach zu akzeptieren und keine Energie damit zu verschwenden, sie fortzuwünschen. Selbstzweifel können im besten Fall deine Coaches sein, die dich zu besseren Leistungen führen. Sie hinterfragen, was du gerade tust, auf Verbesserungsmöglichkeiten. Menschen, die über lange Zeit an der Spitze sind, lernen immer weiter, arbeiten an sich und ihren Techniken und wollen beste Qualität bieten.

Wer Überheblichkeit und ein breitspuriges Auftreten wählt, ist deshalb nicht schlechter, aber sicher auch nicht besser als Leute mit Selbstzweifeln. Letztendlich ist es eine Frage des persönlichen Stils und wie du dich wohler fühlst. Als Menschen mehr gefragt, höher geschätzt und beliebter sind Leute, die Tiefe, Mitgefühl und hohe Professionalität besitzen.

Nächste Frage:

Was tust du, wenn rund um dich die Leute im Beruf unpünktlich, unverlässlich und ungenau sind?

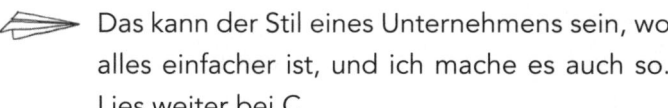 Das kann der Stil eines Unternehmens sein, wo alles einfacher ist, und ich mache es auch so. Lies weiter bei C.

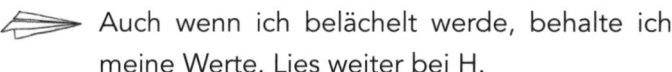 Auch wenn ich belächelt werde, behalte ich meine Werte. Lies weiter bei H.

M

WICHTIGE PARAGRAPHEN DES ERFOLGSGESETZES

 *Paragraph 1 des Erfolgsgesetzes:* Vermeide Streit!

 *Paragraph 2 des Erfolgsgesetzes:* Gib die Recht-haberei auf.

 *Paragraph 3 des Erfolgsgesetzes:* Auseinandersetzungen können klärend sein und dich weiterbringen.

 *Paragraph 4 des Erfolgsgesetzes:* Erkenne den Unterschied, ob bei einer Auseinandersetzung mehr kaputt gehen oder entstehen kann.

Klingt kompliziert? Ist es aber nicht.

In keiner Weise meine ich, du sollst andere über dich drüber gehen lassen und klein beigeben. Aber verrenne dich niemals in Kämpfe, die du nur verlieren kannst.

Guter Spruch zum Thema Klagen und Gericht: Recht haben und Recht bekommen sind zwei sehr verschiedene Dinge.

Mag sein, dass du in einer Sache Recht hast, aber als leidenschaftlicher Seher von Anwaltsserien erlebe ich im Fernsehen und bei meinen Beobachtungen über die Jahre im Alltag, dass Prozesse völlig anders ausgehen können als erwartet.

Außerdem kosten sie Geld und am Ende hat vor allem die Anwaltskanzlei verdient. AnwältInnen sind die einzigen Menschen, die auf die Frage, wie es ihnen geht, strahlend antworten können:»Ich habe zu klagen.«

Anwälte und Anwältinnen, die sich darauf spezialisiert haben, außergerichtliche Lösungen noch vor einem Prozess herbeizuführen, haben aber auch ein gutes Einkommen und ersparen ihren Klientinnen und Klienten eine Menge.

Heftiger Streit kann ein Trümmerfeld zurücklassen. Besonders, wenn die TeilnehmerInnen in große Wut geraten. Was einmal ausgesprochen ist oder schriftlich verschickt wurde, kann nicht mehr zurückgenommen werden.

Der kritische Punkt jeder Streitigkeit ist erreicht, wenn Grund und Ziel der Auseinandersetzung aus den Augen verloren werden. Tritt der Punkt ein, an dem es nur noch um Recht haben geht, wird der Streit mit lauter Verlierern enden.

Es gibt Fälle, in denen es wichtig ist, Klarheit darüber zu bekommen, wie Dinge im Gesetz geregelt sind. AnwältInnen sind von großer Bedeutung, um Verträge zu formulieren, die hieb- und stichfest sind. Da Menschen, Meinungen, Haltungen und Zugänge genauso unterschiedlich sind wie Sichtweisen, ist der Einsatz von KennerInnen des Rechtes nötig, um Lösungen zu finden, die beide Seiten akzeptieren müssen.

Kennst du einen Gerichtsprozess, aus dem Kläger und Angeklagte herauskommen und gleichermaßen beglückt sind? Ich nicht. Es gibt in diesem Fall immer Gewinner und Verlierer. Eine Klage mag im Laufe eines Berufslebens manchmal unumgänglich erscheinen oder sogar sein, aber trotzdem kannst du dir viel Zeit, Geld, Nerven und Energie ersparen, wenn du andere Lösungen findest.

Vielleicht wirfst du mir jetzt vor, dass ich so einfach dahinrede. Es ist mir bewusst, dass es einige Fälle gibt, in denen die Lage unklar ist, in denen sich die Fronten verhärtet haben und in denen beide Seiten der Meinung sind, das Recht wäre auf ihrer Seite. Stimmt sicher und um das zu entscheiden, gibt es Leute, die berufener sind als ich, hierzu ihre Erklärungen abzugeben.

Im Laufe meiner Tätigkeiten habe ich einmal einen Verlag verklagt, weil ich meiner Meinung nach unfair behandelt worden bin und außerdem die Abrechnungen nicht klar waren. Da der Verlag die Rechte an einem großen Teil meines Werkes hielt, war es nicht sehr konstruktiv, wegzugehen und meine Buchserien im Stich zu lassen. Bei einem anderen Verlag weiterzumachen klingt einfacher, als es ist.

Nach vielen Gesprächen sind der Verlag und die Leute, die mich vertreten haben, zu dem Schluss gekommen, es wäre sehr erstrebenswert, eine Lösung zu finden. Mir ging es – gebe ich gerne zu – um ein Bekenntnis des Verlages, einen Fehler bei den Abrechnungen gemacht zu haben. Wir wussten alle, dass er nicht enorm sein würde und es einen hohen Zeitaufwand bedeutete, alles nachzurechnen.

Was sollte also geschehen? Mein Anwalt hat damals den Spruch geprägt: Mach mich arm. Was er meinte, war, einen Vergleich einzugehen und damit seine Tätigkeit schnell zu beenden und natürlich auch die Zahlungen.

Das Angebot »der anderen« war aber in meinen Augen nicht hoch genug. Der Anwalt des Verlages war nicht bereit, es nachzubessern, und die Fronten haben sich wieder verhärtet. Das große Glück für mich war, in dieser Zeit gut verdient zu haben. Damit war ich auf das Geld nicht angewiesen. So machte ich schließlich folgenden Vorschlag:

Wir ziehen die Klage zurück und der Verlag bezahlt die Ausbildung eines Partnerhundes. Das sind Hunde, die trainiert werden, um einem Menschen mit Behinderung zur Seite zu stehen. Sie erlernen Fähigkeiten wie das Einschalten des Lichts, das Öffnen von Türen, das Aufheben runtergefallener Gegenstände, das Ziehen eines Rollstuhls oder das Tragen von Taschen. Die Ausbildung dauert lange und daher ist so ein Hund eine kostspielige Angelegenheit. Die Verbesserung, die er in das Leben eines Menschen bringen kann, ist groß. Menschen mit Behinderung müssen sich fast immer Sponsoren suchen, da sie die Kosten eines solchen Hundes nicht selbst aufbringen können.

Der Konflikt ging damit aus, dass ein Partnerhund finanziert wurde, der zehn Jahre lang treuer Begleiter und Helfer eines Kindes mit einer angeborenen Muskelschwäche wurde. Zehn Jahre lang hat der Hund Freude gebracht. Der Verlag hat fast so viel bezahlt, wie ich gefordert hatte, jedenfalls wesentlich mehr, als man mir direkt bezahlt hätte. Wir haben uns damals gemeinsam gefreut, die Streitigkeit beigelegt und darüber hinaus etwas Gutes in die Welt gesetzt zu haben. Natürlich ist das nicht immer so üblich, ich weiß. Aber vielleicht kann dir dieses Beispiel einmal helfen.

Der Weg zum Erfolg bringt zahlreiche Herausforderungen, die rechtliche Klärung brauchen, damit alle Partner exakt wissen, was möglich ist und was nicht. Streitigkeiten zu vermeiden kann dir enorm helfen, höhere Energie für dein Vorankommen zu haben.

Wie sinnlos und grausam gerichtliche Auseinandersetzungen werden können, beweisen Scheidungsprozesse, in denen um das Sorgerecht für Kinder auf eine Weise gestritten wird, in der das Wohl des Kindes von den Eltern aus den Augen verloren wird. Es geht nur noch um Rechtbehalten und Macht.

Das zahlt sich nicht aus.

Rechtbehalten ist auch in Diskussionen oft ein großes Thema. Gespräche, die ein Austausch von Meinungen sein sollten, werden zu einem verbalen Schlagabtausch und Kampf. Es geht nicht mehr darum, was Sache ist, sondern nur, wer am Ende wie ein Sieger dasteht. Dabei ist es oft unmöglich, jemand anderen zu überzeugen.

Deine Chance besteht darin, einen anderen Menschen einzuladen, auf deine Linie einzuschwenken. Wenn er/sie das aber nicht will, dann lass es ab einem gewissen Punkt, den du sicherlich spüren wirst, bleiben. Wenn der/die andere deine Werte oder die Menschenrechte und die Würde verletzt, wirst du mit ihm/ihr nichts mehr zu tun haben wollen. Handelt es sich aber um Standpunkte, die sehr wohl nebeneinander stehen können, so gibt es im Englischen einen wunderbaren Ausdruck dafür:

To agree to disagree.

Wir stimmen überein darin, dass wir keine Übereinstimmung finden.

Der Vorteil dieser Haltung: Keine Gewinner, keine Verlierer, keine schlechten Gefühle.

SCHLAFLOSE NÄCHTE, DIE DU VERMEIDEN KANNST

Der Leiter einer großen Werbeagentur hat mir einen wichtigen Grundsatz geschenkt. Ich habe ihn immer im Kopf, weil er in bestimmten Momenten sehr hilfreich sein kann.

Hinfallen passiert.
Erfolgreiche Leute haben aber herausgefunden,
wie sie am schnellsten wieder aufstehen können.

Das gilt zum Beispiel für Agenturen, die auf Präsentationen für Kampagnen hinarbeiten. Sie müssen zuerst präsentieren und sich gegen andere durchsetzen, um den Auftrag zu erhalten. Aber nur eine Agentur kann gewinnen. Die anderen haben die ganze Arbeit umsonst gemacht.

Für das Autofahren gibt es Schleuderkurse. Beim Judo lernt man, richtig zu fallen. An Schulen, Hochschulen, Unis und in Ausbildungen wird über den Umgang mit Versagen, Niederlage, Rückschlag oder Fehlschlag nicht viel unterrichtet.

Angst vor Stürzen, Pannen und Pech ist berechtigt, aber sie verhindert sie nicht. Sehr wohl aber kann sie ein Anstoß sein, um Sicherheitsvorkehrungen zu treffen.

Ein Spruch aus meiner Kindheit: Spare in der Zeit, dann hast du in der Not.

Dieser Spruch hat einen enormen Wahrheitsgehalt. Ein berühmter Maler, den ich zu meinen Freunden zählen darf, ist heute wohlhabend und muss sich keine Sorgen machen. Seine Werke verkaufen sich gut und garantieren ihm ein ausgezeichnetes Einkommen.

Er hat es geschafft, in jungen Jahren, am Anfang seiner Laufbahn, eine Ausstellung in New York zu bekommen. Dort wurden alle Bilder, die er gezeigt hat, verkauft. Der Ertrag war groß genug, um nach seiner Rückkehr damit ein altes Bauernhaus zu erwerben, in das er eingezogen ist.

Der Maler hatte damals zwei Möglichkeiten: In einem recht baufälligen Gebäude zu wohnen, einiges selbst herzurichten, zu malen, Bilder zu verkaufen, zu sparen und Stück für Stück zu renovieren. Oder er nimmt einen Kredit auf, macht die Renovierung sofort und zahlt im Laufe der Jahre die Raten zurück.

Entschieden hat er sich für die erste Möglichkeit. Die Anfangsjahre waren für ihn nicht sehr bequem und im Winter kalt, weil die Fenster nicht gut gedichtet haben und die alten Mauern schwer zu heizen waren. Er hat in dem Bauernhaus zuerst nur ein Atelier eingerichtet, ein Schlafzimmer und eine Wohnküche und damit das Auslangen gehabt.

In seiner Malerei ist er ungewöhnliche Wege gegangen, die ihm wichtig waren, aber zu Beginn von Galeristen und KäuferInnen nicht geschätzt wurden. Nach dem enormen Erfolg in New York folgte eine Phase mit geringen Einnahmen. Für das tägliche Leben hat das Geld ausgereicht. Kreditraten hätte er damit aber nicht zahlen können. Er wäre vor der Wahl gestanden, seinen Stil dem Publikum anzupassen oder sein Haus wieder zu verkaufen und dabei wahrscheinlich einiges an Geld zu verlieren.

Seine Entscheidung, bescheiden zu bleiben und die Renovierung nur nach seinen finanziellen Möglichkeiten vorzunehmen, hat ihm Unabhängigkeit gebracht. Er konnte seinen künstlerischen Weg gehen, wie er sich für ihn am stärksten und richtig angefühlt hat.

Es hat viele Jahre gedauert, bis das Bauernhaus in ein idyllisches Paradies ausgebaut war, in dem er Jahrzehnte geblieben ist. Sein Stil ist einzigartig und unverkennbar geworden.

Es ist etwas Wunderbares, über ein gutes Einkommen zu verfügen. Im persönlichen Leben immer nur innerhalb der eigenen Grenzen zu leben, kann dir viele Nächte bescheren, in denen du gut schläfst und dir keine Sorgen über deine Finanzen machen musst.

In der Zeit zu sparen, um in der Not über Rücklagen zu verfügen, ist der Sicherheitspolster, auf dem du weich landest. Selbst wenn dein Einkommen noch niedrig ist, lohnt es sich, etwas davon zurückzulegen.

Investitionen in deinen Betrieb, in dein Unternehmen sind etwas anderes. Wenn du ein überzeugendes Konzept hast, ist die Chance groß, von der Bank die Finanzierung dafür zu bekommen.

Der Erzeuger feiner Trinkgläser hat mir erzählt, wie er von der Bank zu Beginn seiner Tätigkeit keine Kredite erhalten konnte. Er hat ein Unternehmen aufgekauft, das in Konkurs gegangen war. Die Banken in der Stadt haben nicht darauf vertraut, dass es ihm jemals gelingen könnte, daraus wieder einen florierenden Betrieb zu machen. Erst in einer kleinen Filiale einer Bankenkette auf dem Land hat er jemanden gefunden, der ihm vertraut hat.

Die Anfänge des Unternehmens waren mühsam. Der Markt war von großen Marken besetzt, die riesige Summen in Marketing und Werbung investieren konnten. Auf klassische Werbung wollte der neue Besitzer aber ohnehin verzichten. Stattdessen hat er Kartons mit seinen Gläsern zu Weinbauern gebracht, die Verkostungen durchführen und ab Hof verkaufen. Leute, die gute Weine kaufen, wollen auch gerne schöne Gläser haben. Qualität und Preis der Gläser haben gestimmt und so haben sie sich immer besser verkauft.

Das Vertrauen des Bankbeamten hat sich ausgezahlt. Das Unternehmen ist gewachsen und heute der wichtigste Kunde der Filiale. Derzeit geht es vor allem aufwärts, trotzdem hat der Besitzer der Gläserfirma verschiedene Szenarien durchgespielt und einen Plan, wie er Rückschläge und Ausfälle abfedern kann. Wenn alle Anzeichen nur nach oben deuten, wollen wir oft nicht glauben, es könnte auch einmal anders kommen. Aber genau in diesen guten Zeiten ist der beste Moment, um vorzusorgen.

Tu alles, damit du ruhig schlafen kannst und dich finanzielle Sorgen, die du hättest vermeiden können, nicht quälen.

SCHLAF DARÜBER

Wenn mich jemand oder etwas aufregt, tippe ich gerne wütende E-Mails in den Laptop. Statt sie sofort zu schicken, speichere ich sie aber zuerst als Entwurf...

Wenn ich zwei interessante Angebote habe, mich aber nicht entscheiden kann, schreibe ich beide auf und denke vorerst nicht mehr daran...

Wenn ich in einer Situation nicht weiß, welche Lösung ich wählen soll, hole ich so viele Informationen wie möglich ein und lege die Angelegenheit zur Seite.

In allen drei Fällen schlafe ich darüber. Das bedeutet, ich lasse eine Nacht vergehen und sehe mir die Sache am nächsten Tag in Ruhe an.

SCHLAF DARÜBER!

Es ist eine alte Weisheit und sie ist nur deshalb so alt geworden, weil sie sich immer wieder als richtig erwiesen hat.

Angelegenheiten zu überschlafen hat schon einige Zusammenarbeiten gerettet. Meine ursprüngliche E-Mail wäre aggressiv und zerstörerisch gewesen. In meinem Zorn ist mir das nicht aufgefallen, mit einer Nacht Abstand schon.

Lösungen zu überschlafen hat dazu geführt, dass mir eine zusätzliche Möglichkeit eingefallen ist, auf die ich zuerst nicht gekommen wäre.

Nach einer Nacht fand ich beide Angebote nicht optimal. Meine Begeisterung war am nächsten Morgen abgeflaut und ich konnte nüchtern die Schwierigkeiten erkennen.

Diese eine Nacht, in der du alles einfach beiseite legst, kann wesentliche Erkenntnisse bringen. Sie rückt alles zurecht und in die richtigen Proportionen. Was schrecklich erscheint, wird heller, was gestrahlt hat, blendet nicht mehr, und an der Kreuzung der Entscheidung drehst du dich vielleicht ein wenig weiter, um noch völlig andere Abzweigungen zu entdecken.

Diese Nacht ist kein Aufschieben. Kaum etwas ist so dringend, dass es nicht diese zusätzlichen 24 oder sogar weniger Stunden warten könnte.

Also: Schlaf darüber...

VERFANGE DICH NICHT IM NETZ

Du bist, wen du kennst! Oder: Wie wichtig ist Networking? Dieses Kapitel kann ich nur aufgrund meiner persönlichen Erfahrungen beschreiben. Welche Bedeutung Networking in deinem Tätigkeitsbereich hat, musst du selbst bestimmen.

In meiner Anfangszeit dachte ich, es wäre von größter Wichtigkeit, zu Festen, Partys, Ausstellungseröffnungen, Premieren und anderen gesellschaftlichen Ereignissen zu gehen, um gesehen zu werden. Der Grund für diese Annahme waren gleichaltrige SchauspielerInnen und KünstlerInnen auf anderen Gebieten, die das taten und in Society-Sendungen und Klatschspalten nie gefehlt haben.

Weil ich immer schon eher ein zurückgezogener Mensch war, bin ich nirgendwo hingegangen, wo ich nicht sein wollte. Die Einladung zu einem offiziellen Anlass habe ich nur dann angenommen, wenn ich eine echte Verbindung zum Thema oder den Personen, um die es ging, hatte.

Viele Jahre später habe ich von JournalistInnen oft zu hören bekommen, dass ich damals geschätzt wurde, weil ich ausschließlich mit meiner Arbeit in der Öffentlichkeit stand und stehe und nicht als jemand, der irgendwo dabei war. Ich habe trotzdem fast immer, wenn ich einer Einladung gefolgt bin, jemanden kennengelernt, mit dem mich später etwas zusammengeführt hat. Der erste Kontakt auf dieser lockeren Basis war durchaus hilfreich.

Von einem sehr erfolgreichen Musikmanager aus Deutschland habe ich etwas gelernt: Gibt mir jemand seine Geschäftskarte und war es ein interessantes und/oder angenehmes Gespräch, schicke ich eine kleine E-Mail mit ein paar herzlichen Worten. Ich tue das nicht aus Berechnung und die Worte sind ehrlich gemeint. Eine solche kleine Geste kann einen ersten Kontakt festigen und vertiefen.

Im Laufe der Zeit habe ich auf diese Weise einige Leute kennengelernt, die auf meinem Weg hilfreich waren. Nie aber habe ich sie benutzt oder gebraucht. Ganz im Gegenteil. Gab es eine Gelegenheit, habe ich für diese Menschen etwas getan. Oft war es eine scheinbare Kleinigkeit, wie eine Autogrammkarte für ein Kind oder ein signiertes Buch. Manchmal haben Leute dadurch festgestellt, welche Begeisterung meine Arbeit bei meinem Publikum auslöst, und das hat sie auf die Idee einer Zusammenarbeit gebracht.

Natürlich läuft es auch umgekehrt und Leute kommen auf mich zu, um Kontakt aufzunehmen. Es ist schnell zu spüren, ob sich jemand für mich interessiert und ein wenig reden will, oder ob mich jemand »benutzen« möchte. In diesem Fall werde ich sehr ausweichend.

Das bringt mich zu einem anderen Thema, wenn es um die Begegnung mit Menschen geht, von denen du annimmst, sie könnten einmal auf deinem Weg hilfreich sein: Nütze diese Gelegenheit weniger zur Eigenpräsentation, sondern stelle Fragen. Jeder schätzt es, wenn sich jemand interessiert zeigt. Die meisten Leute stellen dann auch Gegenfragen und wollen mehr über dich wissen.

Der Trick dabei: Wer eine Frage stellt, will eine Antwort und hört zu. Wer aber überrumpelt und sofort mit Informationen und Darstellungen überschüttet wird, macht eher dicht.

Meine Erfahrung: Je weniger erzwungen, angestrebt und konstruiert Begegnungen sind, desto eher haben sie die Chance auf einen guten beruflichen Kontakt. Wir scheinen, wenn wir Ziele mit Freude verfolgen und Leidenschaft im Beruf zeigen, eine Anziehungskraft auf Menschen auszuüben, die für Momente, kurze Zeit oder länger BegleiterInnen, UnterstützerInnen oder PartnerInnen sein können.

VERGISS WORK-LIFE-BALANCE

Ich kann den Aufschrei von vielen schon hören, wenn sie diese Zeilen lesen.

»Ist Thomas Brezina verrückt geworden? Steht er auf der Seite dieser Ausbeuter, die noch längere Arbeitszeiten fordern, am besten gleich die Nacht dazu? Oder will er alle direkt ins Burnout treiben?«

Zu deiner Beruhigung: Mir geht es gut und ich will in diesem Kapitel ein Phänomen beschreiben, das mich sehr beschäftigt. Es macht meiner Meinung nach das LIFE nicht schöner, aber WORK mühsamer. Das hat auch damit zu tun, wie Arbeit von vielen gesehen und im Leben eingestuft wird.

Gleich vorweg: Ich weiß, dass Erfolg viel mit Einsatz und Disziplin zu tun hat, aber sehr wenig mit abrackern.

Um zu verstehen, was ich meine, eine kleine Rechnung:

Nehmen wir an, du bist beruflich zwischen deinem 20. und 65. Lebensjahr voll aktiv und arbeitest acht Stunden am Tag.

Deine Gesamtlebenszeit in diesen 45 Jahren beträgt rund 395.000 Stunden.

Davon wirst du etwa 122.000 verschlafen.

Für alltägliche Tätigkeiten, wie Aufstehen, Waschen, Zähneputzen, Duschen, Weg zur Arbeit, Einkaufen, Kochen, Putzen, um die Kinder kümmern, falls du welche hast, oder vielleicht ein Haustier versorgen, wirst du ungefähr 85.000 Stunden aufbringen.

Bleibt für Freizeit und Urlaub ungefähr 86.000 Stunden.

Deine Arbeitszeit werden rund 82.000 Stunden sein.

Deine Arbeitszeit beträgt also rund ein Fünftel deiner Lebensstunden. Es kann mehr sein, es kann weniger sein, das hängt von dir, deinem Einsatz und deiner Tätigkeit ab.

Trotzdem: Ein Fünftel Lebenszeit kann als Beruf und/oder Arbeit bezeichnet werden.

Dieses Fünftel ist und bleibt aber LEBENSzeit.

Die Aufteilung in WORK-LIFE bedeutet, dass deine Tätigkeit nicht als Teil deines »Lebens« gesehen wird. Aber was ist sie dann?

Wenn du dein Leben in die harte, anstrengende, mühsame, nervige, lästige Arbeit einteilst und dein Lieblingssatz »Endlich Wochenende« lautet oder »Endlich Urlaub« oder »Endlich Ruhestand«, dann vergeudest du meiner Ansicht nach ein Fünftel deiner Lebenszeit.

Du hast in deinen Arbeitsjahren grob gerechnet so viel Arbeitszeit wie Freizeit. Zu gewissen Zeiten wirst du vielleicht mehr Stunden mit deiner Tätigkeit verbringen. Das kann anstrengend sein, aber wenn du einen Beruf hast, der dich erfüllt, wirst du diese Anstrengung auf dich nehmen. Schließlich führt sie dich dorthin, wo du hinwillst, zum Erfolg.

Wenn du das Gefühl hast, dass du von deiner »schönen Zeit des Lebens« etwas abzwicken musst für die »weniger schöne Zeit der Arbeit«, schaffst du ein Spannungsfeld, das keine Kraft für Spitzenleistungen gibt.

Die Phrase »Work-Life-Balance« birgt die Gefahr, dass Arbeit als etwas Schlechtes, das »Leben« aber als etwas Gutes bezeichnet wird. Beruf und Arbeit werden – zumindest einmal wörtlich – von deinem Leben abgetrennt.

Die Leiterin der Personalabteilung einer Hochschule hat mir erzählt, wie frustrierend sie es findet, wenn sich Absolventinnen und Absolventen der eigenen Hochschule bewerben und die ersten Fragen die Höhe des Gehalts, Urlaubsanspruch und Arbeitszeit betreffen. Diese Leute reden nicht über die Herausforderungen, die sie annehmen wollen, was sie an Leistung und Einsatz anzubieten haben und wieso sie die Stelle unbedingt haben möchten. Sie betonen meistens gleich zu Beginn, dass sie sehr auf Work-Life-Balance achten.

Das andere Extrem aber, das ich in Anwaltsfirmen in London erlebt habe, wo den MitarbeiterInnen im Firmengebäude alles geboten wird – vom Supermarkt über einen Fitnessclub bis hin zu Schlafkojen –, damit sie mehr Zeit mit Arbeit und im Unternehmen verbringen, ist genauso abzulehnen. In diesen Fällen soll das Leben ausschließlich aus Arbeit bestehen und das macht auf Dauer ziemlich sicher krank. Weil sie einmal Partner einer großen Anwaltsfirma sein wollen und hoffen, auf diesem Weg ein hohes Einkommen zu erreichen, sind Leute gewillt, diese Form von Extremeinsatz auf sich zu nehmen. Nicht selten ist aber von erfolgreichen AnwältInnen zu hören, die sich aus der Firma zurückziehen und nicht lange an ihrem Reichtum erfreuen können. Manche wissen mit ihrer neuen freien Zeit nichts anzufangen, andere holen die Spätfolgen des Raubbaus an ihrer Gesundheit ein und sie sterben früh.

Wie kannst du den positiven, gesunden und wichtigen Aspekt erreichen, der mit dem Ausdruck Work-Life-Balance gemeint ist, ohne schwarz-weiß zu sehen oder dir viel Zeit im Kopf negativ zu belegen?

Die Torte muss stimmen!

DIE TORTE DEINES LEBENS

Stell dir vor, dein Leben setzt sich wie eine Torte aus verschiedenen Stücken zusammen:

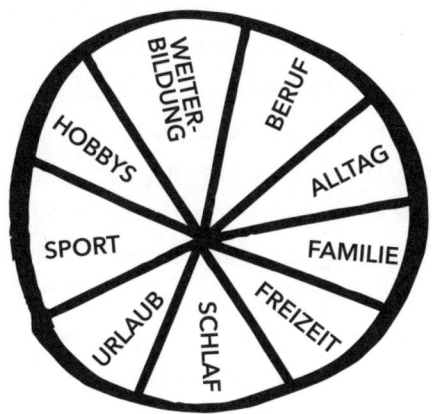

Es kommt darauf an, wie groß die einzelnen Stücke sind, aus denen sich deine Torte zusammensetzt. Sie müssen in einem gesunden Verhältnis zueinanderstehen. Aber sie bilden alle zusammen dein Leben und haben ihre Bedeutung, wenn du erfolgreich sein willst.

Erfolg braucht deinen Einsatz im Beruf. Die Redensart »Von nichts kommt nichts« stimmt. Die berühmte Extra-Meile zu gehen ist nötig. Dein Beruf – auch wenn er dein absoluter Traumberuf ist – bringt Anstrengungen mit sich. Es gibt schlechte Tage, Rückschläge, Enttäuschungen und manchmal ein Arbeitspensum, das kaum bewältigbar erscheint.

Der Unterschied zwischen einem erfolgreichen Menschen und einem Menschen, der gerne Erfolg hätte, ist, dass der erfolgreiche sich diesen Herausforderungen stellt und sie annimmt. Du wirst schnaufen, du wirst sehr müde sein, du wirst dich auf die Freizeit freuen. Immer wieder komme ich darauf zurück, dass dich die Tätigkeit, die du ausübst, aber begeistert und du deshalb die Anstrengungen auf dich nimmst. Die Arbeit erschöpft dich nicht, sie macht nur müde, das ist ein großer Unterschied. Du fühlst dich in deinem Beruf lebendig, du spürst deine Lebenskraft, die Energie in deinen Zellen.

Glaube mir, zu sitzen und zu tippen ist alles andere als angenehm. Mein Rücken schmerzt trotz bester Bürostühle, ich habe vom Schreiben einen Tennisellbogen, ich werde von unvorhergesehenen Ereignissen gestört, es gibt Freuden und Enttäuschungen, aber trotzdem liebe ich meinen Beruf aus tiefster Seele. Alle Kriterien, die ich in den Kapiteln über den richtigen Beruf aufgezählt habe, treffen zu. Ich bin dankbar, dass ich Bücher schreiben, TV-Sendungen produzieren, Podcasts und Videos machen kann und tausende Leute zu meinen Veranstaltungen kommen.

SpitzensportlerInnen denken während des Trainings oder Wettkampfes sicher nicht daran, auch noch »leben« zu müssen. Die größten Stars des Music Business, deren Songs die Welt begeistern, verlassen weder Studio noch Konzerthalle, weil es zu viel »Work« ist und sie endlich etwas für ihr Leben tun müssen.

Der Ausdruck WORK-LIFE-BALANCE verdient von dir nur eine Behandlung: Streichen. Löschen. Vergessen. Die Alternative ist allerdings nicht Arbeiten bis zum Umfallen. Es gibt für den Ausdruck WORK-LIFE-BALANCE einen Ersatz, den ich viel stärker finde.

A BALANCED LIFE

Zu Deutsch: Ein Leben in Ausgewogenheit.

Während WORK-LIFE-BALANCE deine Lebenszeit in Schwarz und Weiß, Gut und Böse, anstrengend und angenehm unterteilt...

...geht es bei A BALANCED LIFE um dein Leben in seiner Gesamtheit, in dem ein Wechsel von Anspannung und Entspannung beachtet wird. Genau wie bei allen sportlichen Übungen und bei Muskeltraining die Anspannung so wichtig ist wie die Entspannung.

EIN AUSGEGLICHENES LEBEN ist das Gegenteil des krankmachenden LEBEN IM DAUERSTRESS. Übrigens sind weder Freizeit noch Urlaub frei von Stress, Aufregungen, Pannen, Druck, Ärger und Anspannung. Wahrscheinlich hast du das selbst schon erfahren.

Stell dir ein ausgeglichenes Leben vor wie eine altmodische Apothekerwaage: In eine Waagschale kommt alles, das geistig, nervlich, körperlich und zeitlich mit Anspannung verbunden ist. Diese »Gewichte« sehen nicht bei allen Menschen gleich aus. Für eine Person kann ein Tag mit sieben Terminen 10 Gramm in die Waagschale werfen, für die andere ein halbes Kilogramm. Andererseits haben Tätigkeiten im täglichen Leben, in Beziehung, Familie und Haushalt ebenfalls ein Gewicht, das in die Waagschale der Anspannung fällt und sie etwas tiefer sinken lässt.

Es ist deine Verantwortung, im Leben darauf zu achten, dass die Waagschale der Entspannung entsprechend gefüllt wird. Was dort hineinkommt, welche Tätigkeiten und welcher Ausgleich wie schwer ins Gewicht fällt, kannst nur du selbst bewerten und bestimmen. Es gibt Leute, die in ihrer Freizeit Möbelstücke renovieren und darin große Erfüllung finden. Andere haben einen unbändigen Bewegungsdrang, müssen Sport betreiben und sich anstrengen.

Laufen als Ausgleich zu langem Sitzen ist sehr beliebt, aber nicht für jeden geeignet. Meine persönliche Erfahrung ist, dass mich sehr schnelles Gehen wesentlich besser entspannt, für meine Gelenke schonender ist, mich aber trotzdem zum Schwitzen bringt und zu meiner Fitness beiträgt. Diesen Ausgleichssport kann ich jeden Tag, überall ausführen. Zwischen Besprechungen, wenn ich einmal gerade 15 Minuten Zeit habe oder beim Spazieren mit dem Hund.

Ehrlichkeit zu sich selbst und mit anderen ist gefragt, wenn es zum Ausgleich zwischen beruflichen Tätigkeiten und Zeit mit Partnerin, Partner oder Familie kommt.

Eine Familie mit Kindern ist meines Erachtens nach mit einem kleinen Unternehmen zu vergleichen. Mein Halbbruder, ein Banker, hat einen fast erwachsenen Sohn und zwei Söhne im Alter von 5 und 6 Jahren. Er liebt seine Familie über alles und ist seiner Frau sehr dankbar, weil sie dieses »Unternehmen« professionell und gleichzeitig mit viel Liebe managt. Obwohl sie den Großteil der Arbeit zu Hause erledigt, trägt er seinen Teil gerne bei, kümmert sich mit

Freude um seine Kinder und erledigt die großen Einkäufe am Samstag.

Entspannung findet er auf den Fahrten mit Bus und Zug, da die Familie etwas außerhalb der Stadt wohnt. Er liebt und nützt diese Zeit für sich selbst. Außerdem bekommt er viel Kraft aus den wunderbaren Stunden, den unvergesslichen Momenten und Erlebnissen mit seinen Lieben. Die Waage ist bei ihm ausgeglichen. Er berichtet immer wieder von mühsamen Zeiten in der Bank, fühlt sich an schlechten Tagen ungerecht behandelt, mag aber seinen Beruf sehr. Er hat Erfolg, im Berufs- wie im Familienleben.

Ein Freund hat mir erzählt, dass er ständig hin- und hergerissen ist zwischen der Leidenschaft für seinen Beruf, seiner Freundin und der Zeit, die er gerne für sich hätte. Er liebt, was er tut, aber er will gerne mit seiner Freundin zusammen sein. Sie hat klargestellt, dass sie diese Zeit mit gemeinsamem Erleben füllen möchte und nicht mit stummem Nebeneinander und Netflix. Mein Freund ist oft ziemlich geschafft und nicht gerade hochintelligenten Serien sind für ihn ein Ausgleich, der viel Gewicht in die Waagschale der Entspannung bringt. Aus diesen zwei Ansichten sind Spannungen entstanden.

Privatleben, Beziehung und Familie sind vergleichbar mit einem Unternehmen, das professionell gemanagt sein will. Dazu gehören Kommunikation und Verhandlung über Wünsche und Bedürfnisse der verschiedenen Partner und wie sie vereinbart werden können.

Verständnis ist nicht selbstverständlich, also immer von Vornherein gegeben. Wenn du ein paar Stunden allein und für dich benötigst, musst du vermitteln, dass es sich weder um Ablehnung noch um Desinteresse handelt.

Ausgleich kommt nicht von allein. Dafür musst du aktiv werden. Ich persönlich bin zum Beispiel vom Schreiben so sehr gefesselt und begeistert, dass es mir schwerfällt, mir frei zu nehmen. Mein Abkommen mit mir selbst lautet, einen Tag der Woche nicht am Laptop zu sitzen und zu tippen. Ideen mit der Hand zu notieren oder ins Handy zu schreiben, ist erlaubt. Aber richtiges Schreiben nicht.

Wenn ich mir nicht einen Tag der Woche wirklich voll und ganz von meiner üblichen und heiß geliebten Tätigkeit freinehme, spüre ich das in der folgenden Woche sehr. Ich bin schneller müde, gereizt und weniger kreativ. Daher bringe ich die Disziplin zum »Schreibverzicht« gerne auf. Außerdem will ich natürlich mit den lieben Menschen rund um mich Zeit verbringen und mich ihnen voll widmen.

Nach Phasen, in denen ich einen Roman fertiggestellt und viele Stunden am Tag getippt habe, verordne ich mir einige Tage Ausgleich und Entspannung. Allerdings ist es mir wichtig, diese Zeiten zu gestalten und mir klar zu werden, welche anderen Tätigkeiten ich gerne machen will: Mein Tagebuch führen, Freunde treffen, einfach im Garten liegen, etwas reparieren oder umstellen...

Freizeit kann frustrierend sein, wenn sie einfach nur verrinnt und ich am Ende des Tages das Gefühl habe, nichts getan zu haben. Es ist etwas völlig anderes, wenn ich mir echtes NICHTSTUN vornehme und mich dieser herrlichen Faulheit lustvoll hingebe. So kann ich den Augenblick genießen, wahrnehmen und rund um mich Dinge entdecken, die mir sonst entgangen wären.

Das Bild der zwei Waagschalen ist sehr hilfreich für mich, um herauszufinden, auf welcher Seite die Waage mehr runtergeht, und zu erkennen, auf welche Schale mehr Gewicht kommen muss.

Ausgleich im Leben braucht Zeit.

Im Drang und Strudel des Alltags, in dem ich alles erledigen will, verzichte ich auf die Entspannungszeit am schnellsten. Entspannungszeit zeigt nicht immer sofort Ergebnisse, abgearbeitete E-Mails schon. Vernachlässigte Entspannung rächt sich allerdings auf Dauer.

Manage deine Freizeit, plane und organisiere sie, wie du deine beruflichen Tätigkeiten organisierst. Wenn du nur im Wald, auf der Wiese oder einem Berg sitzen und in den Himmel blicken willst, dann tu es einfach. Wenn es sich ergibt, dann mache dir dafür keine Vorwürfe, sondern erlaube es dir. Wenn du es einplanen musst, damit du die Zeit und Möglichkeit dazu hast, dann trage es in den Kalender ein.

Sei im Schaffen von Ausgleich in deinem Leben der gleiche Profi wie im Beruf.

SCHRITT 8

MACH DEINEN ERFOLG ZU EINER FORTSETZUNGS-GESCHICHTE

DAS MÄRCHEN VOM
ÜBER-NACHT-ERFOLG

Der Glaube an den »Über-Nacht-Erfolg« fördert die Sichtweise, dass Erfolg Glückssache sei und über Menschen einfach hereinbricht. Daher gilt es nur zu warten.

Beim Satz »X wurde über Nacht erfolgreich« wird ein Teil weggelassen, der aber der wichtigste ist. Vollständig lautet die Aussage:

NACH VIELEN JAHREN HARTER ARBEIT wurde X über Nacht erfolgreich, reich und/oder berühmt.

Dieser Teil wird so gerne vergessen. Das Publikum oder die KollegInnen sehen nur, was in die Kategorie »Erfolg« fällt. Beneidet werden erfolgreiche Menschen um das, was sie erreicht haben. Es gibt aber eine Definition von Neid, die genau beschreibt, wieso der erste Teil des Satzes über Erfolg so gerne weggelassen wird.

Neid = Ich will haben, was du hast, aber ich will nicht das Gleiche dafür tun, was du getan hast.

Ob es gefällt oder nicht, Erfolg besteht aus viel Arbeit und dem Überwinden von Hindernissen. Manche Leute flüchten sich, wenn sie erfolglos bleiben, in das Märchen vom »verkannten Genie«. Es ist ein Bad in Selbstmitleid und der Gesichtsausdruck dieser Menschen sagt: »Ich könnte ja, aber man lässt mich nicht. Ich habe kein Glück. Das Leben und die anderen sind gegen mich.«

Erfolgreiche Menschen berichten, wie sie jahrelang gerackert, gekämpft, an Türen geklopft und sich abgemüht hätten, aber einfach nicht das erreichen konnten, was sie wollten. Schließlich dann, als sie schon aufgeben wollten, hat sich auf einmal vieles gefügt, die Türen haben sich geöffnet und sie haben Möglichkeiten bekommen, die sie für unmöglich gehalten hatten. Der Erfolg hat sich scheinbar überraschend und plötzlich eingestellt. Er erscheint wie Erfolg, der ihnen über Nacht zugefallen ist, auch wenn das nicht der Fall war.

Erfolgsmenschen wissen, was diesem Erfolg alles vorausgegangen ist und was sie alles auf sich genommen haben. Sie erinnern sich noch an die Hindernisse, die sie fast aufgehalten hätten, und wie sie diese Hindernisse überwunden haben.

Erfolg ist eben,
wenn du es trotzdem schaffst.

BEDANKE DICH!
VERGISS NIEMANDEN!

GENIESSE DEN ERFOLG

ERFOLGSMOMENTE SIND STARK, ABER FLÜCHTIG

HEUTE BIST DU ERFOLGREICH, MORGEN SCHON JEMAND ANDERS

**HALTE DICH NIE
FÜR UNERSETZLICH**

**DER FRIEDHOF IST VOLL
VON ANGEBLICH
UNERSETZLICHEN LEUTEN**

BLEIB BESCHEIDEN

MACH WEITER!
MIT FREUDE!

WARNUNG:

Auch bei größtem Erfolg bleiben dir Hindernisse,
Schwierigkeiten, unangenehme Begegnungen und
immer neue Herausforderungen nicht erspart.

SUCHE DIR NEUE ZIELE DEFINIERE
DEINEN ERFOLG ERNEUT.
WERDE NOCH BESSER
IN DEM, WAS DU TUST, ODER
SUCHE DIR EINE ANDERE
TÄTIGKEIT, DIE DICH REIZT

DAS WICHTIGSTE ABER:

Werde bitte kein arrogantes A......loch und

BLEIB AUF DEM BODEN!

WENN DU DEINEN GEWÜNSCHTEN ERFOLG ERREICHT HAST, DANN...

**FREU DICH UND FEIERE:
LADE VOR ALLEM DIE MENSCHEN
DAZU EIN, DIE AN DEINEM ERFOLG
BETEILIGT SIND**

EINMAL IST KEINMAL

Einmal Erfolg zu haben ist gar nicht so schwierig. Über eine längere Zeit erfolgreich zu bleiben, ist die Kunst. Es klingt doch wunderbar, sagen zu können, im Leben einen Erfolgsweg gegangen zu sein.

Erfolg kann süchtig machen auf eine gute Weise. Wenn du ihn einmal erreicht hast, wirst du ihn mit größter Wahrscheinlichkeit immer wieder haben wollen. Mache deine Erfolgsgeschichte zu einer Geschichte mit Fortsetzungen.

Du kannst auf dem Weg, den du von Beginn an eingeschlagen hast, weitergehen, wenn du auf diese Weise Neues erreichst oder er dich weiter und möglicherweise höher bringt. Natürlich hast du auch die Möglichkeit, einen völlig anderen Weg einzuschlagen, wenn du zu den Menschen gehörst, die gerne Neues ausprobieren wollen.

Bei Geschichten, im Theater, im TV und im Film zeigt sich öfter, dass es nicht sehr ratsam ist, das Gleiche nur leicht abzuändern und dabei auf schnellen, neuen Erfolg zu hoffen. Das ist ein dem schon erreichten »Erfolg hinterherlaufen« und dabei siehst du bekanntlich nur sein Hinterteil.

Du kannst dir, deiner Linie, deinem Stil treu bleiben. Das macht in fast allen Berufen viel Sinn. Trotzdem ist jedes neue Projekt eine neue Herausforderung und erfordert neue Lösungen. Wenn du ein Publikum, KundInnen und KäuferInnen hast, so wollen sie überrascht werden.

Selbst mein Zahnarzt, der höchst erfolgreich ist aufgrund seiner Spezialisierung auf Wurzelbehandlungen, übt seine Tätigkeit nicht ständig gleich aus. Er entdeckt immer wieder neue Behandlungsmethoden, die effizienter, schneller, schmerzärmer und kostengünstiger sind. Sein Ehrgeiz besteht nicht darin, immer mehr Geld zu machen, sondern seine Arbeit angenehm für sich und seine PatientInnen auszuführen.

Der Zahnarzt ist ein Beispiel dafür, wie wichtig es ist, dich selbst immer wieder aufs Neue zu überraschen. Das gibt Schwung und Energie für den Start zu neuen Zielen und Erfolgen.

Je nachdem, welcher Erfolgstyp du bist, wirst du an ein neues Abenteuer herangehen, neue Dinge in Bewegung setzen oder neue Ziele stecken und erreichen.

Stillzustehen bedeutet bereits, nach hinten zu fallen. Stillstand ist im besten Fall Rückschritt, denn die Welt dreht sich weiter. Weiterzugehen hat nichts mit Hetzen zu tun, sondern mit der Neugier auf Herausforderungen, die dich reizen.

Hindernisse und andere Ärgernisse können sich natürlich wieder einstellen. Sie werden es auch ziemlich sicher tun. Da du aber Erfahrung gesammelt hast, wirst du allem anders begegnen: stärker, fester und ruhiger.

Alles, was sich dir in den Weg stellt und dich stoppen will, kannst du sortieren nach:

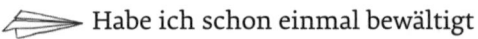 Habe ich schon einmal bewältigt

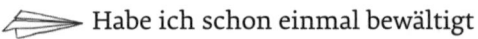 Lösung von damals könnte wieder funktionieren

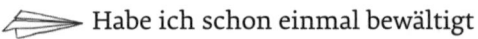 Problem ist neu

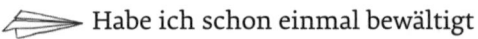 Kann ich aus meiner Erfahrung eine Lösung basteln
oder muss ich diesmal etwas völlig anderes finden?

Deine Arbeit bekommt dadurch ein Gleiten, das zusätzlich
Schwung verleiht.

Ein paar Sprüche zum Schluss:

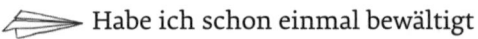 *Rückwärts gehe ich nur, um neuen Anlauf zu nehmen.*

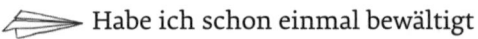 *Wenn ich vom Gipfel in ein Tal komme, so kann ich Schwung
holen für den nächsten Aufstieg.*

 *Es mag an der Spitze einsam sein, weil wenig Platz ist. Ich
stehe dort besser mit Menschen, deren Nähe ich schätze.*

Ich wünsche dir alles Gute und wiederhole, was ich zu Beginn festgestellt habe:

In dir steckt mehr,
als du vielleicht vermutest.

Du kannst mehr,
als du dir zutraust.

Es ist mehr möglich,
als du denkst.

Es geht manchmal einfacher,
als es aussieht.

Erfolg ist weder Hexerei
noch Raketenwissenschaft.

Du musst dich dafür nur in Bewegung
setzen und das Richtige tun.

JETZT IST DIE BESTE ZEIT FÜR EINEN
NEUEN START INS LEBEN!

Vielleicht willst du, vielleicht musst du wegen COVID-19 ein
neues Leben beginnen. Die 7,7 Geheimnisse des Glücks können dir dabei sehr hilfreich sein. Seit ich sie kenne, kann ich
die Achterbahnfahrt des Lebens mit einem breiten Lächeln
im Gesicht mitmachen und werde selbst in scharfen Kurven
nicht aus der Bahn geworfen. DAS GLÜCK WARTET NUR
DARAUF, DICH ZU UNTERSTÜTZEN!

192 Seiten, € 19,95
ISBN 978-3-99001-389-2

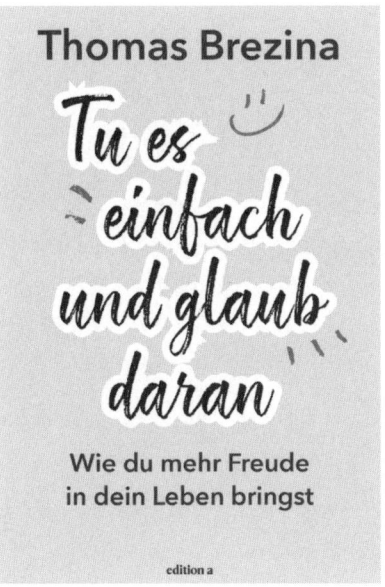

Thomas Brezina

Tu es einfach und glaub daran

Wie du mehr Freude
in dein Leben bringst

edition a

Was können wir tun, wenn uns die Welt, in der wir leben,
nicht mehr gefällt? Wie finden wir die Liebe, wenn wir einsam sind? Wie schaffen wir es, im Moment zu leben? Mit 40
Millionen verkauften Kinderbüchern prägte Thomas Brezina die Kindheit einer ganzen Generation. Seit zwei Jahren
zeigt er auf Instagram und Youtube mit großem Erfolg, warum das Leben schön ist und wie wir unsere Träume verwirklichen können. Jetzt legt er seine positiven Botschaften
von einem selbstbestimmten, freien und glücklichen Leben
erstmals in Buchform vor.

272 Seiten, € 20,00

ISBN 978-3-99001-284-0